Mythos Klassische Yachten

Text und Zeichnungen: François Chevalier
Fotos: Gilles Martin-Raget

Delius Klasing Verlag

Inhalt

Altaïr

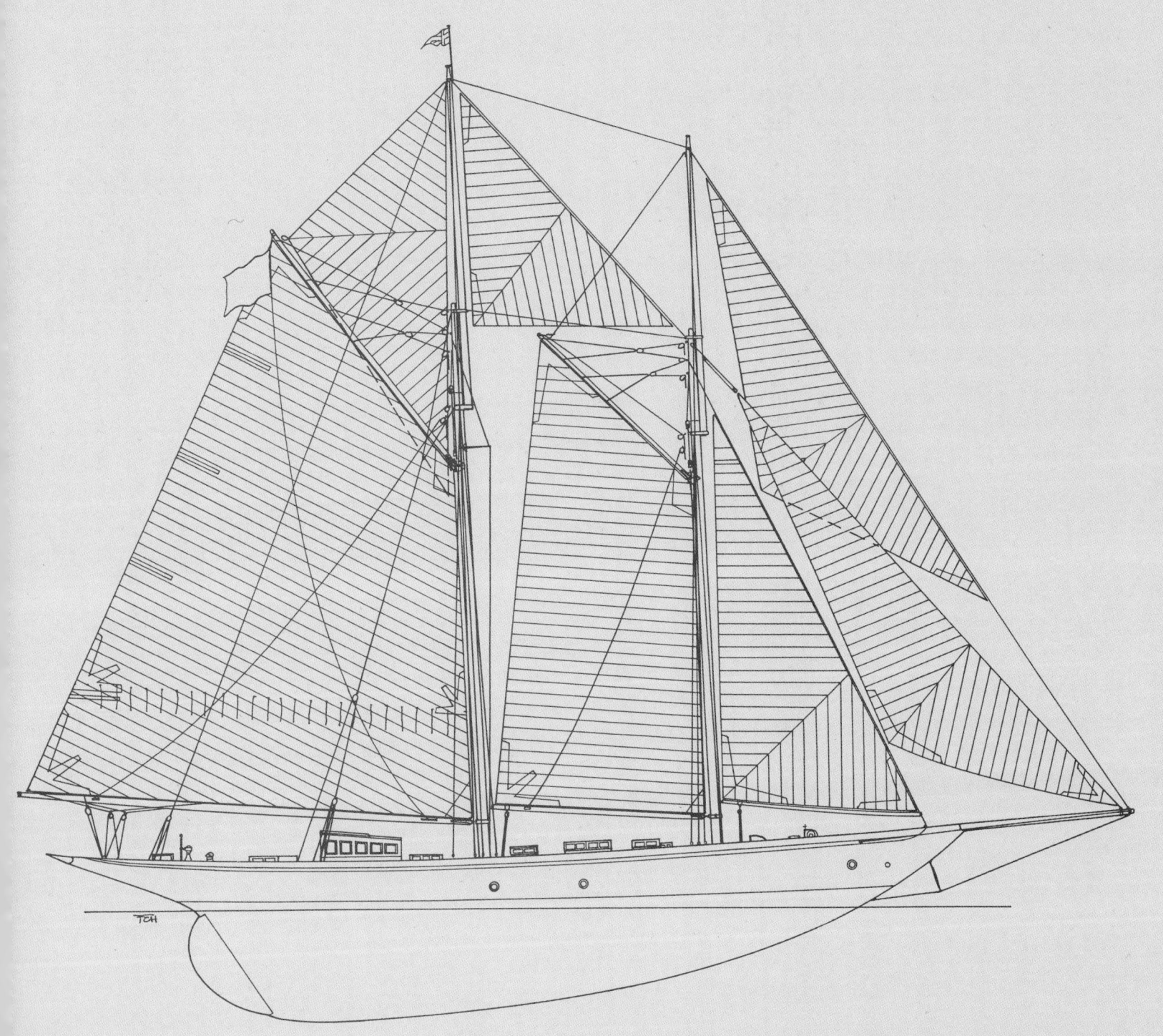

Natürlich nimmt die *Altair* bei den berühmten Treffen traditioneller Yachten regelmäßig einen Ehrenplatz ein, doch als Regattayacht ist sie gar nicht konzipiert worden. Vielmehr war der damals 69-jährige Konstrukteur William Fife III mit dem Bau einer hochseetauglichen Fahrtenyacht beauftragt. Und so sollte der wunderschöne Schoner, der Anfang Mai des Jahres 1931 auf der schottischen Werft William Fife & Sons in Fairlie vom Stapel lief, zunächst zu ausgedehnten Fahrten in die Südsee starten; die »Regattakarriere« begann erst nach der umfangreichen Restaurierung der Yacht 1987.

Dank der ästhetisch vorbildhaften wie ausgewiesenermaßen auch technisch überzeugend ausgeführten Arbeiten ist die *Altair* ein inspirierendes Meisterstück geworden, an dem sich alle klassischen Yachten zu messen haben.

Der Wind frischt auf, und die Vorschiffscrew bereitet einen Segelwechsel vor, während sich der stäbige Rumpf durch die Wellen schiebt. Das wird kein einfaches Manöver!

Während der »Voiles de Saint-Tropez« im Oktober 2006 segelte sich der knapp 40 Meter lange Schoner auf den zweiten Platz der Gesamtwer- tung und rangierte damit vor renommierten Regattayachten wie der *Mariquita* der 19-m-R-Klasse, der 15-m-R-Yacht *Tuiga*, dem Gaffelkutter *Lulworth* und selbst der *Eleonora*, Nachbau des berühmten amerikanischen Schoners *West- ward*, der zu Beginn des 20. Jahrhunderts die Preise auf dem Solent absahnte. Bei ihrer Premiere 1988 auf der Nioulargue in Saint-Tropez erregte die *Altair* größ- tes Aufsehen und wurde hier wie im gesamten Mittelmeerraum als eine Glanzleis- tung der Yachtrestauration gefeiert. Angesprochen fühlten sich allerdings längst nicht nur die wohlhabenden Liebhaber schöner Boote, sondern vor allem auch all jene, die in der zur Perfektion getriebenen originalgetreuen Rekonstruktion tradi- tioneller Yachten ihre Berufung fanden. Kaum vorstellbar, dass jemand, der solch eine majestätische Yacht segeln sieht, sich nicht an Bord oder zumindest in ihre Nähe sehnen würde, und sei es nur, um sie zu bewundern. Der Yachtfotograf Gil- les Martin-Raget erinnert sich gern an eine Begebenheit, bei der er vor wenigen Jahren mit ein paar Kollegen anlässlich eines Treffens renommierter klassischer Yachten auf einem schnellen Motorboot die *Altair* begleitete und jeder von ihnen bemüht war, das Jahrhundertbild zu schießen: die schäumende Bugwelle, der lange weiße Rumpf, die von der südlichen Sonne angestrahlten, perfekt getrimmten Segel, die in ihre makellos weißen Overalls gekleidete Mannschaft … Die Auslöser klickten ohne Unterlass, bis es langsam immer ruhiger wurde und die Männer sich der stummen Bewunderung des faszinierenden Anblickes hingaben.

Die arbeitsintensive Wiedergeburt

Die *Altair* gilt als die letzte große Yacht aus der Feder des William Fife III (1857–1944). Kapitän Guy H. MacCaw hatte sich einen schnellen, stäbigen Segler nach Art der Lotsenschoner gewünscht, welche die Großsegler in die Häfen gelei- teten, ein Schiff ohne große Überhänge und dazu absolut seetüchtig. In den ab 1929 stattfindenden Gesprächen suchte der Konstrukteur seinen Auftraggeber davon zu überzeugen, dass auch die Geschwindigkeit ein Moment der Sicherheit einer Yacht ist, bis MacCaw sich schließlich auch für die Silhouette eines Schoners mit Überhängen zu begeistern vermochte. Beide einigten sich letztlich auf eine Gaffel- takelung, die zum Fahrtensegeln bestens geeignet ist, wiewohl die meisten Segler jener Zeit eher ein Ketsch- oder Yawlrigg bevorzugten.

Der Fife-Werft kam die Bestellung im Dezember 1929 sehr gelegen, denn die Auf- tragslage für 6-, 8- und 12-m-R-Yachten war stark rückläufig. Aufgrund ihres Tief- gangs von mehr als vier Metern musste die *Altair* im Schwimmdock der Werft zu Wasser gelassen werden, und als das Schiff endlich schwamm, traf den alten Fife der Schlag, weil der Steven zu tief im Wasser lag. Daraufhin ging der Takelmeister Archibald MacMillan Sen. an Bord und korrigierte die Lage des Ballasts. Als dann aber die Toppstenge des Großmastes gesetzt werden sollte, passte sie nicht durch das Eselshaupt und musste von MacMillan und seinem Sohn gehobelt werden.

Glauben wir Fifes Großnichte May Fife McCallum, die ein Buch über die Geschichte der Fife-Dynastie und ihrer Werft veröffentlicht hat, so ist ihr Großonkel bei die- sem Anblick aus der Fassung geraten und hat den Fehlschlag als seinen Ruin inter- pretiert … Immerhin ist die Werft, die er beim Tode seines Vaters 1902 übernom- men hatte, sein Leben gewesen. Er selbst hatte nie geheiratet, geschweige denn einen Sohn gezeugt. So musste er, der seinen Beruf gern als Spiel und nicht als Arbeit bezeichnete und der mit seinen Schwestern einen gemeinsamen Haushalt führte, seinen Neffen Robert Balderston Fife in die Lehre nehmen und ihn mit der Ausführung seiner Konstruktionen betrauen. Doch Robert besaß nicht das Genie seines Onkels und spezialisierte sich auf Yacht-Innenausstattungen, um erst 1944 und nach dem Tod des Onkels wieder auf die Fife-Werft zurückzukehren.

Nach wenigen Segelpartien auf dem Solent und einer Fahrt nach Saint-Jean-de-Luz überließ Kapitän Guy MacCaw die *Altair* Vicomte Walter Runciman de Doxford, dem Miteigner der *Asthore*, eines Schwesterschiffes der 1902 bei Fife gebauten *Sunshine*. Runciman besaß außerdem zusammen mit seinem Vater Lord Walter Runciman die *Sunbeam*, jenen berühmten Dreimaster mit Hilfsmotor, mit dem einst Lady Bras- sey in Begleitung ihrer Familie die Welt umsegelt hatte; ihre Erlebnisse schrieb sie später in einer faszinierenden Reisebeschreibung nieder. In den 1930er-Jahren aber

war Runciman Eigner der 59,50 Meter langen *Sunbeam II*. Mit der *Altair* kreuzte er an der schottischen Westküste bis zu den Hebriden und nahm an einigen Regatten auf dem Solent teil. 1938 ging die Yacht an Sir William Verdon-Smith, der neue Segel kaufte und das Schiff behielt, bis es – wie die meisten britischen Yachten – 1940 von der Royal Navy beschlagnahmt wurde. Nach einer Grundüberholung in Southampton verkaufte Verdon-Smith den Schoner an den Portugiesen Jose Augusto Mendoça e Vasconcelos, der dem Schiff eine Sechszylindermaschine von General Motors verpasste. Nach zwei Jahren im Heimathafen Lissabon wechselte die *Altair* in den Besitz von Maria Esther und Miguel Sans Acevedo und kam nach Barcelona. Miguel war ein passionierter Segler, der an renommierten Regatten im Mittelmeer teilnahm und so manche abenteuerliche Reise unternahm. In den 1960er-Jahren vertraute er die Yacht in Monte Carlo einer internationalen Segelorganisation an, doch blieb er 36 Jahre ihr Eigner und veräußerte sie 1985 an ein Konsortium um den Schweizer Sammler Albert Obrist und den australischen Skipper Paul Goss.

Eine beispielhafte Restaurierung

Anschließend gelangte die *Altair* in die Obhut der Werft Southampton Yacht Services, wo sie einer umfassenden Aufarbeitung unterzogen wurde. Albert Obrist »liebt die schönen Dinge«, und er »liebt es, sie zu erhalten«. Unter anderem besaß er eine Sammlung von 65 Ferraris, natürlich allesamt in bestem Zustand. Sein Berater Paul Goss gilt in der Szene der klassischen Yachten als kompetente Bauaufsicht, Duncan Walker als seine linke Hand. Die drei Herren veranlassten, dass für die *Altair* eine Halle gebaut wurde, in welcher der Schoner nach und nach entkernt werden konnte. Zunächst ging es um die Demontage der Aufbauten, der Luken und Oberlichter und sämtlicher Beschläge, bis das Deck schier dalag. Alle Teile aber wurden wie bei einer Ausgrabung beschriftet und in Regalen gelagert. Danach wendete man sich der Inneneinrichtung zu – Schotten, Nussbaumtäfelung, Mobiliar. Und natürlich wurden auch die gesamten technischen Installationen wie Rohre und Leitungen, die Tanks und die Maschine herausgerissen.
Jedes einzelne Teil erfuhr anschließend eine akribische Prüfung und wurde entweder hergerichtet oder durch ein neues ersetzt. Die mehr als fünf Zentimeter starken Planken aus Burma-Teak waren gut erhalten, was der Dichte und Härte der Holzart, die als wenig anfällig gegen Würmer gilt, zu danken war, aber ebenso der kenntnisreichen, vorbildhaften Arbeit der Fife-Werft, wie sie sich etwa an den exakten Nahtgängen offenbarte. Die Bodenwrangen aus Eisen, welche dem Verbund der Spanten dienen, waren hingegen durchweg verrostet und mussten ersetzt werden. Dadurch hatten auch die Eichenspanten gelitten, deren verrottete Teile entfernt und durch Schäftungen ausgetauscht wurden. Doch das ist typisch für die Kompositbauweise. Entsprechende Probleme waren auch bei den Aufbauten aufgetreten. Außerdem war überall dort, wo die Decksplanken nicht ganz dicht gehalten hatten, Regen- und Kondenswasser in das Holz gedrungen und hatte zu einer hässlichen Schwarzfärbung geführt. Schließlich konnte mithilfe von Ian McAllister, der eine

Elegant und voller Energie zwingt die *Altair* die Yawl *Agneta* zum Anluven (links).

Nachdem die riesige *Eleonora* gerade über den kleinen Kutter *Isis* hinweggefahren ist, gerät dieser zwischen die *Altair* und die *Aschanti IV* und kann gerade noch abfallen und eine Kollision mit dem Heck des schwarzen Stagsegelschoners abwenden.

Ein Bild wie aus alten Zeiten: *Altair* und *Lulworth* mit dicht geschoteten Segeln hoch am Wind (linke Seite).

Das Bergen des Klüvers bedarf schon bei leichteren Winden einer gewissen Geschicklichkeit (oben).

Der Wind aus dem Esterel-Gebirge bringt die beiden Spinnaker zum Stehen (rechts).

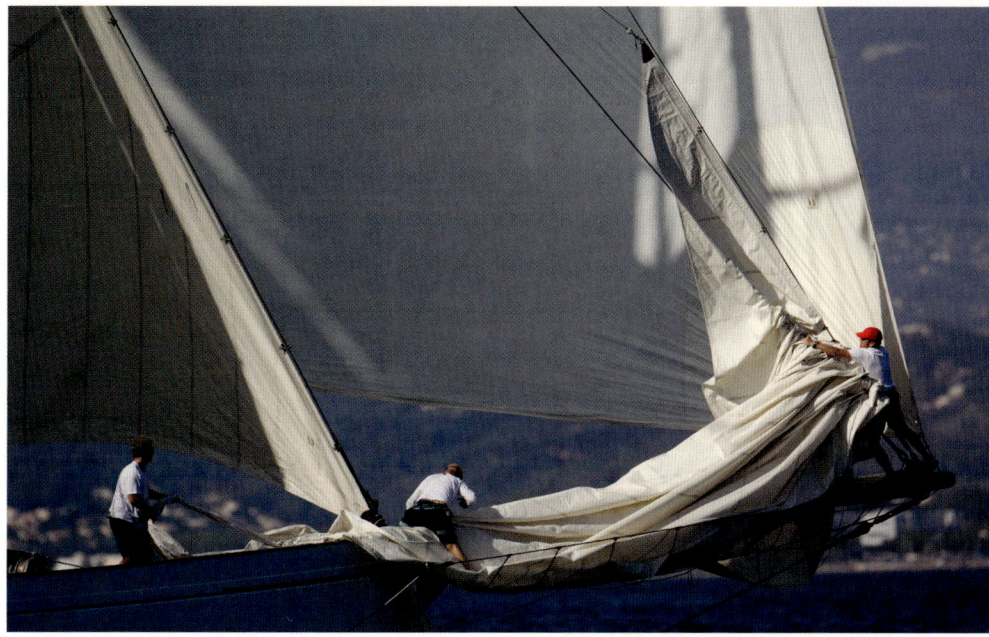

umfangreiche Dokumentation über die Fife-Dynastie verfasst hat, eine detailgenaue Geschichte des Seglers und seiner Konstruktion erstellt werden, die durch die Korrespondenz des Segelmachermeisters Ratsey mit Konstrukteur Fife ergänzt wird.

Der Geist der Fife-Dynastie

Wie wir schon lesen konnten, war die Schwimmlage der *Altair* am Tag ihres »Stapellaufs« nicht ausgeglichen, und Archibald McMillan hatte die Position des Ballasts verändern müssen. Gleiches wurde nach der Restauration nötig, denn die moderne Ausstattung hatte die Gewichtsverteilung des Schiffes verändert. So wurde anhand der Originalpläne und der neuen Materialmassen das Kielgewicht neu kalkuliert und aus dem alten Blei ein neuer Kiel gegossen. Sowohl der Wasser- als auch der Treibstofftank konnten nach einer gründlichen Reinigung wieder verwendet werden. Anstelle der alten Maschine von General Motors aus den 1950er-Jahren installierte man einen 200 PS starken Sechszylinder-Gardner. Es folgten Elektrik und Klempnerarbeiten, danach der eigentliche Innenausbau mitsamt den Verkleidungen und dem Mobiliar. In einem neu geschaffenen Raum unterhalb der Kombüse sollten moderne Maschinen wie eine Entsalzungsanlage, eine Waschmaschine und ein Tiefkühler Platz finden, und das alte Deck aus Kiefernholz wurde durch Bootsbausperrholz mit Teakbeplankung ersetzt, doch das Gesamtkonzept Fifes blieb unverändert.
Harry Spencer kümmerte sich um das stehende und laufende Gut und ließ Spieren aus Rottanne (Spruce) und Oregon-Kiefer fertigen. Die meisten Bronzebeschläge waren noch original erhalten und konnten später bei der Restaurierung der 1909 von Fife konstruierten 15-m-R-Yacht *Tuiga* als Vorbild dienen. Als Tuch für die neuen Segel favorisierte Albert Obrist ägyptische Baumwolle, wie sie noch vor dem Krieg üblich gewesen war, doch Paul Goss konnte sich mit seiner Vorliebe für synthetische Tuche durchsetzen, und so stellte die Segelmacherei Ratsey & Lapthorn die neue Garderobe aus einem leicht gelblich eingefärbten Terylene her. Das Tuch wurde in den herkömmlichen breiten Bahnen vernäht, wie es heute auf fast allen klassischen Yachten zu sehen ist, sodass man sich bei so manchem der großen Treffen in die Vergangenheit zurückversetzt fühlt.

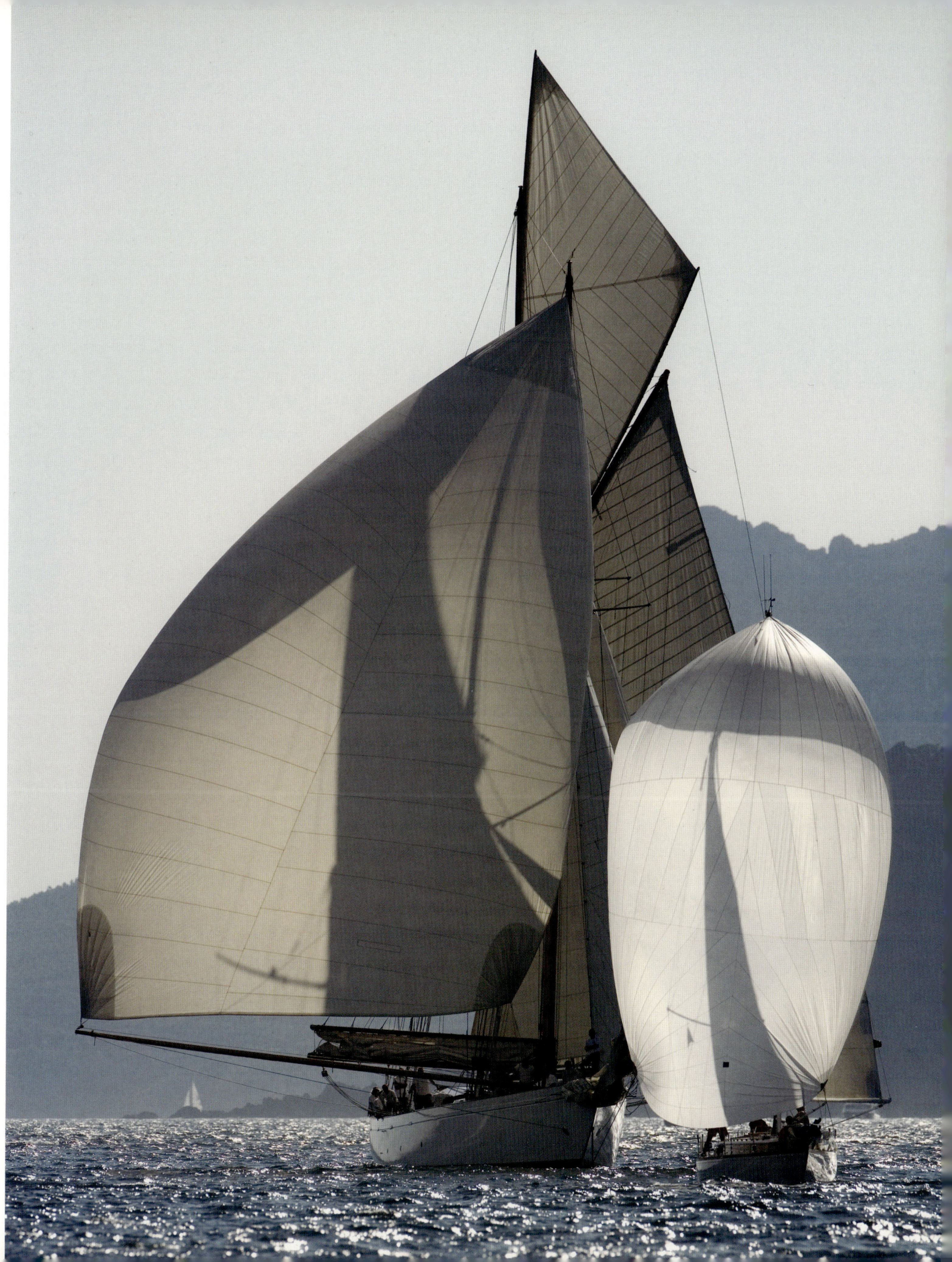

Ob dieser Koloss auf das
feinfühlige Steuern
reagiert (oben)?

Die Segelsäcke an Deck
lassen ahnen, wie viele
verschiedene Segel sich
auf einem Gaffelschoner
noch setzen lassen
(links).

Eine gelungene Restaurierung findet ihre Nacheiferer

Der Einrichtungsplan der *Altair* blieb unverändert, sodass die Yacht weiterhin über drei Gästekabinen und zwei miteinander verbundene Eignerkabinen verfügt, die allesamt im achteren Teil des Rumpfes untergebracht sind. Am selben Gang, der in den geräumigen Salon führt, liegen außerdem zwei Toiletten und ein Bad. Zwar hat man das blau gefärbte, marokkanische Leder durch bunte Stoffe ersetzt, doch die ursprüngliche Eleganz konnte mit den sorgfältig ausgeführten Polster- und Lackarbeiten wiederhergestellt werden, und die eierschalenfarben lackierten Wegerungen und Decken entsprechen ohnehin dem Originalzustand. An Deck fügen sich die mit bronzenen Spillköpfen versehenen Winschen diskret in den klassischen Stil ein.

Nach 18 Monaten intensiver Arbeiten wurde am 7. Juli 1987 mit großem Prunk der erneute Stapellauf der *Altair* gefeiert. Und nach einigen Testfahrten auf dem Solent, bei denen letzte Arbeiten vollendet werden konnten, lief die Yacht schließlich zu ihrer Jungfernfahrt in die Südsee aus, für die sie doch einst konzipiert worden war. Doch erst das Ende dieser Geschichte macht das Salz in der Suppe eines passionierten Sammlers wie Albert Obrist aus. Der langwierigen und zweifellos nicht ausschließlich freudvollen Arbeiten an der *Altair* sollten nämlich weitere Restaurierungen von Fife-Yachten folgen. Obrist tat den talentierten Duncan Walker auf und stützte die 1989 eröffnete Werft Fairlie Restaurations, indem er dort die im selben Jahr auf Zypern entdeckte 15-m-R-Yacht *Tuiga* unterbrachte und sie originalgetreu restaurieren ließ. Später wartete ebenfalls dort die 19-m-R-Yacht *Mariquita* auf einen neuen Eigentümer und eine grundlegende Überholung. Heute hat der Betrieb die Unterstützung des rührigen Liebhabers edler alter Objekte nicht mehr nötig, und

Auch nach der Restaurierung bedarf eine Yacht der permanenten Pflege und Instandhaltung.

die Restaurationen und Neubauten im alten Stil stehen noch immer unter dem guten Stern des William Fife.

Geschwindigkeit bedingt ihre eigene Ästhetik, aber Schönheit und Geschwindigkeit müssen sich nicht ausschließen, wie die *Altair* jede Saison aufs Neue beweist. Im Laufe der Jahre hat diese Yacht eine unvergleichliche Aura erlangt. Die *Altair* scheint auf ewige Zeiten die herausragende und makellose Schönheit zu bleiben, die sie schon 1931 gewesen ist. Diese Aura aber haftet längst nicht nur dem Äußeren des Schiffes an, sondern bleibt auch bei allen Manövern auf See wie im Hafen erhalten. Ebenso unaufdringlich wird ihre Perfektion überdauern, die alle Liebhaber klassischer Yachten seit Jahrzehnten besticht.

Das strenge Reglement von Veranstaltungen wie den Voiles de Saint-Tropez oder den Régates Royales, den Königlichen Regatten in Cannes, verlangt von den Schiffen sowohl Authentizität als auch Wettfahrtserfolg. Die *Altair* kann seit Jahren beides vorweisen und hat die ihr gewidmete Aufmerksamkeit in der Tat verdient.

Alle Kabinen sind mit Waschbecken ausgestattet, und die
Bäder haben selbstverständlich
schöne historische Accessoires
(oben).

Blick in den geräumigen Salon
und den Gang, auf die Instru-
mente und in den Flaggen-
schrank. Alle Restaurierungsarbeiten sind bis ins kleinste
Detail sorgfältig ausgeführt
und inspirieren ganz sicher
so manche neoklassische
Konstruktion und Rekonstruktion
(linke Seite).

Technische Daten

Name: Altair	*Lüa:* 39,52 m
Konstrukteur: William Fife III	*LüD:* 32,80 m
Werft: William Fife & Sons, Fairlie	*LWL:* 23,71 m
Takelung: Gaffelschoner	*Breite:* 6,20 m
Yachttyp: Fahrtenschiff	*Tiefgang:* 4,20 m
Stapellauf: 1931	*Ballast:* 62 t
Erster Eigner: Guy H. MacCaw	*Verdrängung:* 161 t
Restaurierung: 1987	*Segelfläche am Wind:* 634 m²
Werft der Restaurierung: Southampton Yacht Services	*Maschine:* Gardner 200 PS
Bauweise: Kompositbau, Teak auf Eisen	

Decksplan

Backbord

Niedergang
Maschinenraum   Doghouse   Großmast   Fockmast   Klüverbaum

Steuerstand   Niedergang   Oberlicht   Oberlicht   Oberlicht   Ankerspill   Außenklüvergeien

Steuerbord

Einrichtungsplan

Maschinenraum   Kammer   Bad   Kammer   Salon   Pantry

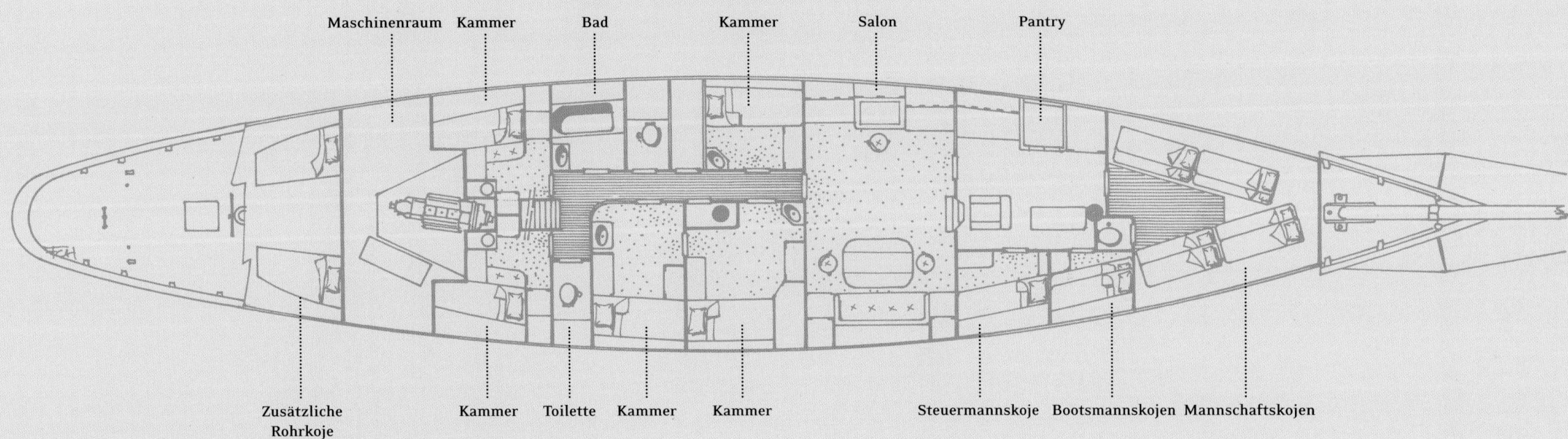

Zusätzliche   Kammer   Toilette   Kammer   Kammer   Steuermannskoje   Bootsmannskojen   Mannschaftskojen
Rohrkoje

Linienriss

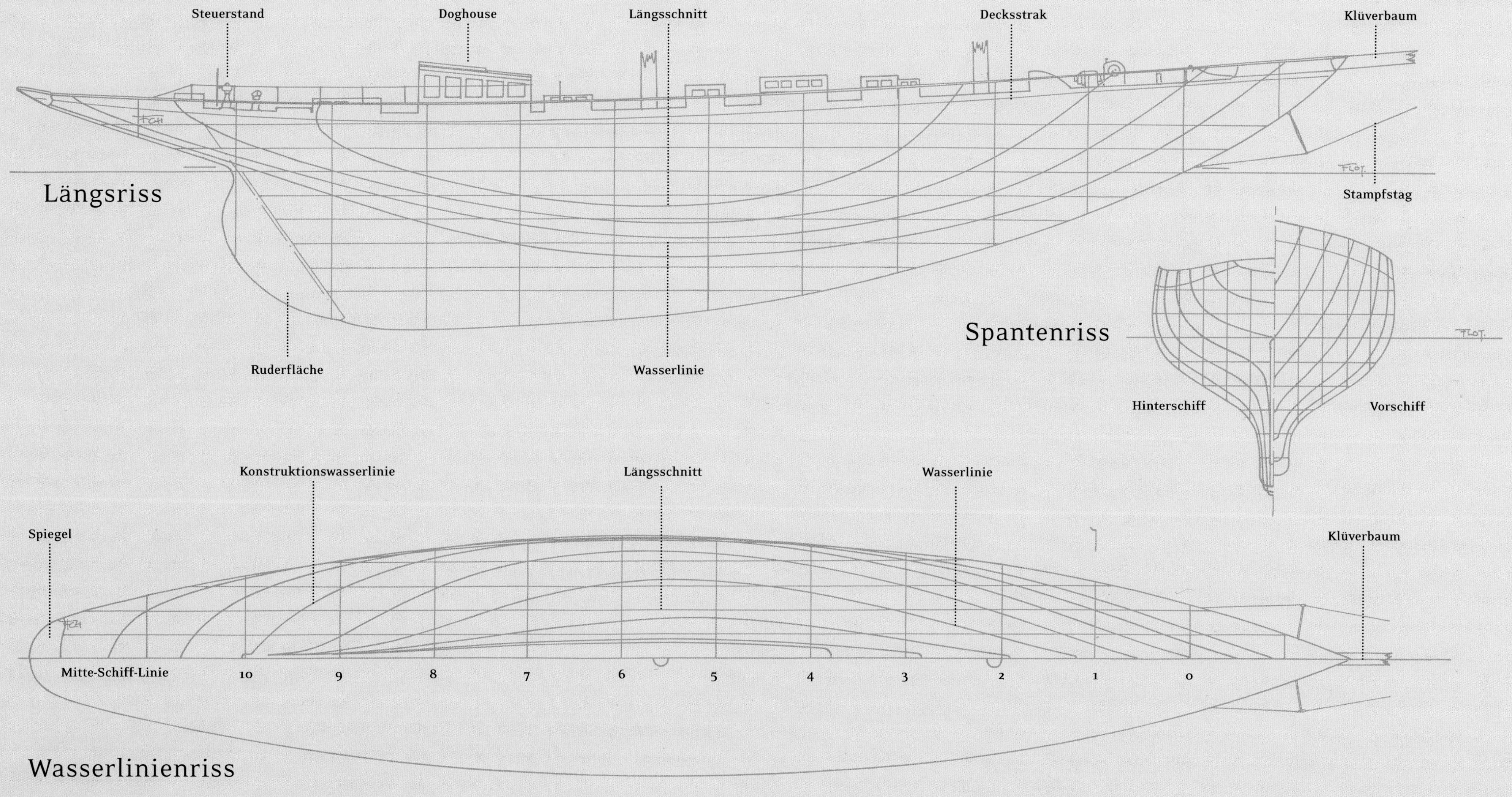

Steuerstand Doghouse Längsschnitt Decksstrak Klüverbaum

Längsriss

Stampfstag

Ruderfläche Wasserlinie

Spantenriss

Hinterschiff Vorschiff

Konstruktionswasserlinie Längsschnitt Wasserlinie

Spiegel Klüverbaum

Mitte-Schiff-Linie 10 9 8 7 6 5 4 3 2 1 0

Wasserlinienriss

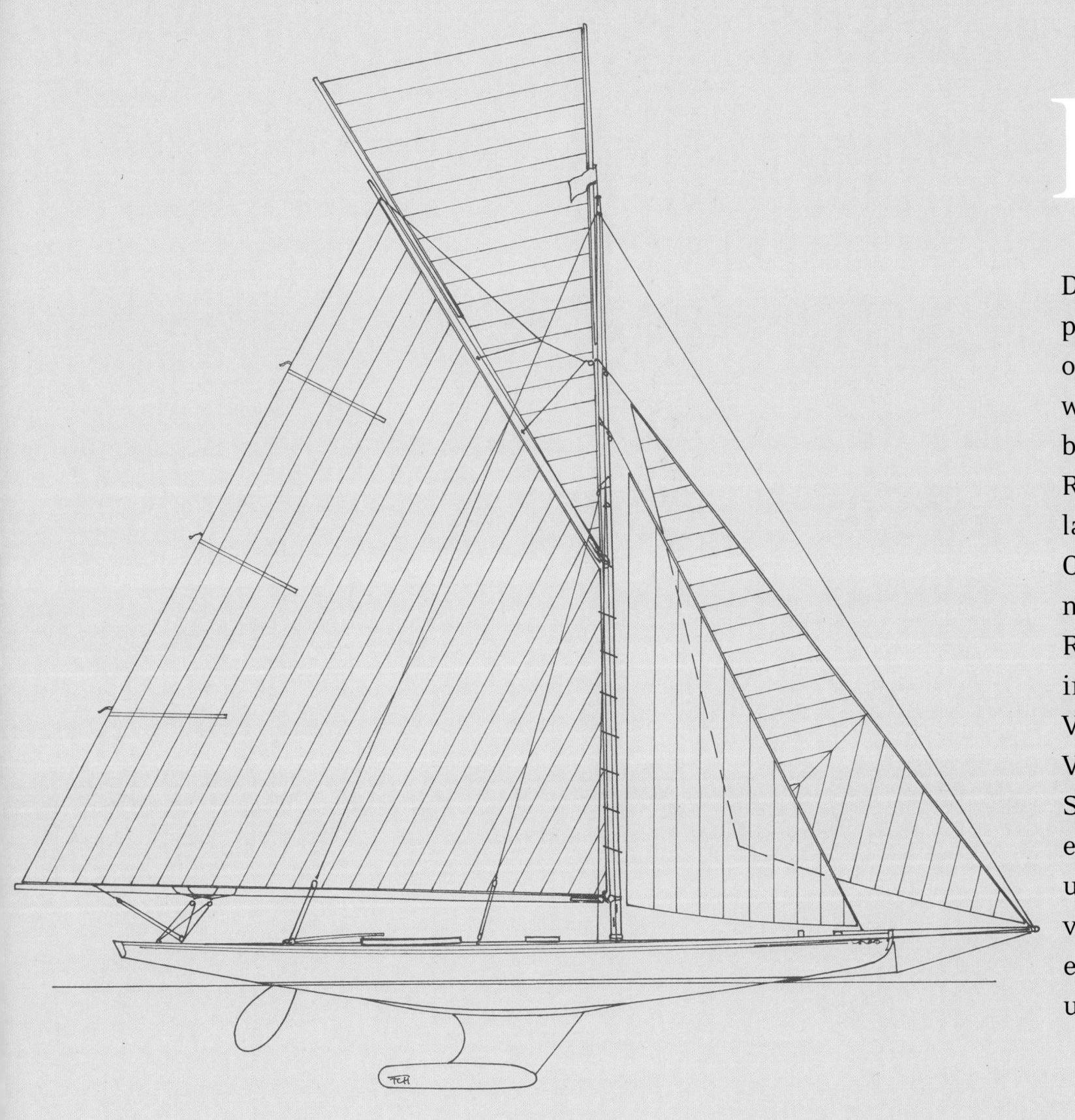

Bona Fide

Die Yacht, deren unter damaligen Gesichtspunkten extreme Linien mit denen der heutigen offenen Klassen vergleichbar ist, gilt als Wirbelwind unter den klassischen Schiffen und erlangte bereits 2003 bei ihrem ersten Auftritt nach der Restaurierung größtes Aufsehen. Der 13,60 Meter lange Kutter aus dem Jahre 1899 gewann bei den Olympischen Spielen 1900 in Paris eine Goldmedaille und bezeugt mit seinen modernen Rumpfformen die kühnen Jahre des Aufbruchs im Yachtdesign. Die *Bona Fide* ist wohl die letzte Vertreterin der Jauge Française von 1892, einer Vermessungsformel, welche den Bau von leichten Schiffen mit einem flachen Unterwasserschiff, einem vorbalancierten und freistehenden Ruder und einem Flossenkiel mit Bombe initiierte. So vermittelt uns diese weit über Hundertjährige ein Segelgefühl wie auf einer modernen Yacht unserer Tage.

Ist dies wirklich eine Aufnahme aus dem 21. Jahrhundert? Viel hat sich offenbar nicht geändert, denn der Kutter aus dem 19. Jahrhundert hat mit seinem Flossenkiel und seinen rasanten Formen das Design moderner Segelyachten vorweggenommen.

Zwischen all den Hochglanzlacken und dem geputzten Messing ist die schlichte *Bona Fide* auf den Klassikertreffen des Mittelmeers gar nicht so leicht auszumachen. Als der berühmte Designer Doug Petersen den aufgelegten Rumpf in der Nähe von Mailand entdeckte, war von ihrer Klasse wirklich nicht mehr viel zu erkennen. Das hat sich heute dank der umfangreichen Restaurierungsarbeiten auf der Cantiere Navale dell'Argentario natürlich geändert.

Im September 1899 hatte der Engländer J. Howard Taylor bei dem Konstrukteur und Yachtbauer Charles Sibbick in Cowes, Isle of Wight, einen Fünftonner gemäß der Godinet-Formel bestellt, um im folgenden Jahr an den Regatten im Mittelmeer, vor allem aber an den in Meulan an der Seine ausgetragenen Wettfahrten der Olympischen Spiele teilzunehmen. Die Yacht wurde im November 1899 fertiggestellt, nach Honfleur verschifft und per Eisenbahn nach Nizza gebracht.

Der Name des vergleichsweise kleinen Bootes kommt aus dem Lateinischen und bedeutet »in gutem Glauben«, ist aber von der größeren Schwester *Bona*, einer 1897 nach einer Zeichnung von George L. Watson gebauten und Anfang 1899 in den Besitz Taylors gekommenen Yacht, inspiriert.

Der Konstrukteur, der die kleinen Schiffe liebte

Charles Sibbick galt Ende des 19. Jahrhunderts als Experte für »kleine« Yachten. Der 1842 geborene Sibbick war eigentlich Bauunternehmer und verbrachte seine Freizeit an Bord von Segelschiffen, die er eigenhändig konzipierte. Seine auf Regatten erfolgreichen Yachten brachten ihn schließlich zum professionellen Yachtbau, und 1888 kaufte er die Albert-Werft in Cowes.

Bald konkurrierten seine kleinen, leichten Boote mit den Entwürfen von Watson, Fife, Soper, Linton Hope und Payne ... Und dank ihrer Siege ließ sich sogar der spätere König Georg V. in nur sieben Tagen und Nächten den gut acht Meter langen Racer *White Rose* bauen, um zwei Tage später den ersten Regattaerfolg einzufahren. Wie wir aus dem zeitgenössischen Journal »Le Yacht« erfahren, ist Sibbick ein weitsichtiger Mann gewesen, der für jedes Projekt das Holz für Rumpf, Mast und Spieren, aber auch den Kiel usw. in den entsprechenden Größen bereitliegen hatte. Sein größter Erfolg war zweifellos die Yacht *Norman*, die er 1995 für Kapitän J. Orr Ewing gebaut hatte und die in ihrer ersten Saison an 56 Regatten teilnahm, von denen sie 51 gewann. Sein absolutes Vertrauen in Sibbick bewies der Eigner auch, indem er 1895 die *Prawn* und 1896 die *Anglia* orderte.

Angesichts solcher Ergebnisse war es für Taylor nichts Außergewöhnliches, dass die *Bona Fide* seinen Erwartungen vollkommen entsprach.

Mit Einführung der International Rule wurde 1906 allerdings die Totenglocke für die leichten Regattayachten geläutet, und Sibbicks Werft verlegte sich auf den Bau von Fahrtenschiffen. Insgesamt sind in 24 Jahren unter seiner Ägide mehr als 300 Yachten gebaut worden – vom kleinen Half-Rater bis zur 60-Tonnen-Yawl *Ruth*.

Im Januar 1912 ist Charles Sibbick von einer kleinen Ausfahrt mit seinem Dingi nicht mehr lebend zurückgekehrt. Sein Boot konnte recht bald, seine Leiche erst Tage später geborgen werden.

Die Goldmedaille bei den Olympischen Spielen von 1900

Im Februar 1900 begann die erfolgreiche Regattasaison der *Bona Fide* vor Toulon. Auf der ersten Wettfahrt schlug sie, nach gesegelter Zeit, den 20-Tonner *Esterel* (Baujahr 1897, gezeichnet von C. M. Chevreux) ebenso wie den 18-Tonner *Laurea* (Baujahr 1899, Riss: A. E. Payne), am nächsten Tag auch ihre direkte Konkurrenz, die ebenfalls von Payne gezeichnete *Emerald* von H. W. Jefferson. Auf weiteren 31 Regatten vor Cannes, Monaco und Nizza musste die *Bona Fide* bis zum April des Jahres nur zwei Mal wegen Flaute oder Sturm und Seegang aufgeben und fuhr 15 Siege und sechs zweite Plätze ein.

Im Anschluss fanden vom 20. bis 27. Mai 1900 die Regatten vor Meulan statt, die der Pariser Cercle de la Voile organisiert hatte. Wieder wurde die 5-Tonnen-Yacht per Eisenbahn verfrachtet, doch konnte sie den Bahnhof von Bercy erst am 25. Mai verlassen, sodass Taylor mit der *Bona Fide* nur die Teilnahme an der zweiten, letzten Wettfahrt blieb. Doch diese geriet bei schwacher Brise wiederum zu absoluten Erfolgen vor elf Gegnern, darunter die *Gitana*, eine Guédon-Konstruktion von 1896 des Franzosen Maurice Gufflet, und die *Frimousse* (Baujahr 1894, William Fife III) des Amerikaners H. MacHenry.

Zwar versuchte es der Eigner der Yacht *Pirouette* (Baujahr 1890, Riss: E. H. Hamilton) mit einem Protest gegen die *Bona Fide*, doch die Jury gab dem Begehren nicht statt. Und so wurde den Engländern, wiewohl sie an nur einer Wettfahrt teilnahmen, in der Klasse der Yachten von drei bis zehn Tonnen (laut Vermessung) die Goldmedaille der Olympischen Spiele 1900 zugesprochen.

Die Godinet-Vermessung

Bona Fide gilt als die letzte Vertreterin der sogenannten Godinet-Formel, auch »Französische Formel« genannt, von 1892, die bis etwa 1900 auf internationalen Regatten maßgeblich war und leichte Konstruktionen mit Flossenkiel und Kielbombe begünstigte.

Die Formel des französischen Boots- und Schiffbauingenieurs Auguste Godinet (1853–1936) aus Lyon stellte nämlich als erste in der Geschichte des Regattasegelns drei grundlegende Kriterien der Yachten in Rechnung, die für ihre Geschwindigkeit von großer Bedeutung sind: ihre Wasserlinienlänge, die Segelfläche und ihre Verdrängung im Verhältnis zu ihrem Umfang, indem sie die Wurzel aus der Segelfläche mit dem Rumpfumfang multiplizierte, mit der Differenz von Wasserlinienlänge und einem Viertel des Umfanges in Beziehung stellte und durch 130 teilte. Das Resultat wurde in Tonnen angegeben.

Sobald die Überhänge an Bug und Heck die Hälfte der Wasserlinienlänge überschritten, wurde dieser Betrag bei der Berechnung des Wertes der Wasserlinien-

Die Riggs von *Lulworth* und *Bona Fide* sind zwar unterschiedlich groß, doch die Segelaufteilung ist die gleiche (rechte Seite).

Dass die restaurierte *Bona Fide* wieder an Regatten teilnimmt, bereitet den Experten ganz schön Kopfzerbrechen, denn es scheint, als sei durch sie die alte Formel – Länge läuft – aufgehoben (folgende Doppelseite links).

Beim Bau der zierlichen Spieren wie dem Fock- und dem Klüverbaum hat man offensichtlich schon damals auf die Aerodynamik geachtet (folgende Doppelseite rechts).

Nein, dies ist keine
moderne Schwertjolle,
sondern ein klassischer,
im 19. Jahrhundert
gebauter Gaffelkutter.
Sein Konstrukteur
Charles Sibbick segelte
so manches Mal dem
Teufel ein Ohr ab und
preschte liebend gern
mit seiner Einmann-
Gleitjolle über den
Solent.

länge zugeschlagen. So entstand eine für die Formel charakteristische Silhouette mit einer »platten« Nase und einem relativ breiten Spiegel. Gemäß dem errechneten Rating wurden die Regattayachten in acht Gruppen eingeteilt: Die kleinsten Schiffe vermaßen als Halbtonner, die größten als 40-Tonner.

Auf allen Wassern

Angesichts der Regattaerfolge der *Bona Fide* hatte J. Howard Taylor keinerlei Schwierigkeiten, seine Yacht am Ende der Saison 1900 an den Italiener Guiseppe Brambilla, Mitglied des Regio Yacht Club Italiano, zu veräußern. Der neue Eigner bewohnte die Villa Sucota am Comer See, wo sich die *Bona Fide* zur Schwertyacht *Spindrift* (Baujahr 1895, Riss: Linton Hope) gesellte. Um das Schiff noch schneller zu machen, ließ Brambilla den Kiel um zehn Zentimeter verlängern und die Segelfläche vergrößern. Diese Veränderungen wurden allerdings durch die Formel bestraft, sodass letztlich die Erfolge der Yacht hinter den Erwartungen ihres Skippers zurückblieben.

Dennoch behielt Brambilla das Schiff ganze 15 Jahre und segelte damit zumeist auf dem Comer See. Zwischen den Weltkriegen übernahm sein Neffe Giovanni Lanza di Mazzarino die Yacht, 1937 kam diese dann auf die Taroni-Werft am Lago Maggiore. Doch erst 1962 tauchte das Schiff im Besitz der Gebrüder Pelligrini wieder am Comer See auf, damals mit einem Bermudarigg versehen. Drei Jahre später erfolgte der Verkauf der *Bona Fide* an Gianluigi Gini.

1993 verschwand die Yacht von der Bildfläche und wurde 1999 von Doug Petersen auf der Dalo-Werft in der Nähe von Como wiederentdeckt, als der Konstrukteur gerade an den neuesten Plänen der *Prada* für die Teilnahme am America's Cup in Auckland, Neuseeland, arbeitete. Nicht viel war von der ursprünglichen *Bona Fide* erhalten, als sie zwecks Restaurierung auf der Argentario-Werft ankam, sodass Direktor Frederico Nardi sich fragen musste, ob eine Rekonstruktion nicht das

bessere und leichtere Verfahren sein würde. Doch ethische Gründe wie auch das Fehlen der Konstruktionspläne ließen die Beteiligten schließlich doch für eine Restauration stimmen. Zunächst musste das Schiff in einem Gestell aufgehängt werden, damit sich die Verformungen, die von der nicht sachgerechten Lagerung herrührten, zurückbildeten. Schließlich konnte die Ingenieurin Dafne Vecchi Maß nehmen und den Originalbauplan rekonstruieren. Fotos aus den Anfangsjahren der *Bona Fide* dienten zur Wiederherstellung des alten Deckslayouts, von dem außer ein paar Klampen und Augbolzen nicht mehr viel erhalten war. Das alte Originalruder, das besonders vom Rostfraß beeinträchtigt war, hatte die Werft bei Como glücklicherweise konserviert.

Fast die gesamte Mahagonibeplankung der *Bona Fide* sowie 192 der 200 Spanten mussten entfernt und durch neue ersetzt werden. Das Deck und die Decksbalken waren komplett verrottet, sodass man das Deck mit sieben Zentimeter breiten und 2,3 Zentimeter hohen, über Dampf gebogenen Pitchpine-Planken neu verlegte. In das Flushdeck sind lediglich eine Plicht für den Steuermann und den Trimmer der Backstagen sowie hinter dem Mast ein rundes Mannloch für den Trimmer der Vorsegelschot eingelassen. Die Pinne aus Messing ist neu gefertigt, ebenso das Rigg aus Spruce. Segelmachermeister Beppe Zaoli aus San Remo lieferte schließlich die elegante Dacrongarderobe für die 144 Quadratmeter am Wind, bestehend aus Großsegel, Stag- und Klüversegel, Flieger und Gaffeltoppsegel.

Nach acht arbeitsreichen Monaten ging die restaurierte *Bona Fide* am 19. Juni 2003 endlich wieder zu Wasser. Kein geringerer als der berühmte amerikanische Yachtkonstrukteur Olin J. Stephens, damals stolze 95 Jahre alt, hatte die Ehre, die *Bona Fide* bei diesem Anlass zu steuern. »Sie springt bei der leisesten Brise an, und man spürt am ganzen Körper, wie blitzschnell sie beschleunigt!« Das muss ein wirklich gutes Schiff sein!

Technische Daten

Name: *Bona Fide*
Konstrukteur: Charles Sibbick
Werft: C. Sibbick & Co, Cowes
Takelung: Gaffelkutter
Vermessung: 5-Tonner
Stapellauf: November 1899
Erster Eigner: J. Howard Taylor
Restaurierung: 2003
Werft der Restaurierung: Cantiere Navale
dell'Argentario
Bauweise: Mahagoni auf Akazie

Lüa: 16,12 m
LüD: 13,60 m
LWL: 8,90 m
Breite: 2,53 m
Tiefgang: 1,86 m
Ballast: 2,35 t
Verdrängung: 11,4 t
Segelfläche: 144 m²

Decksplan

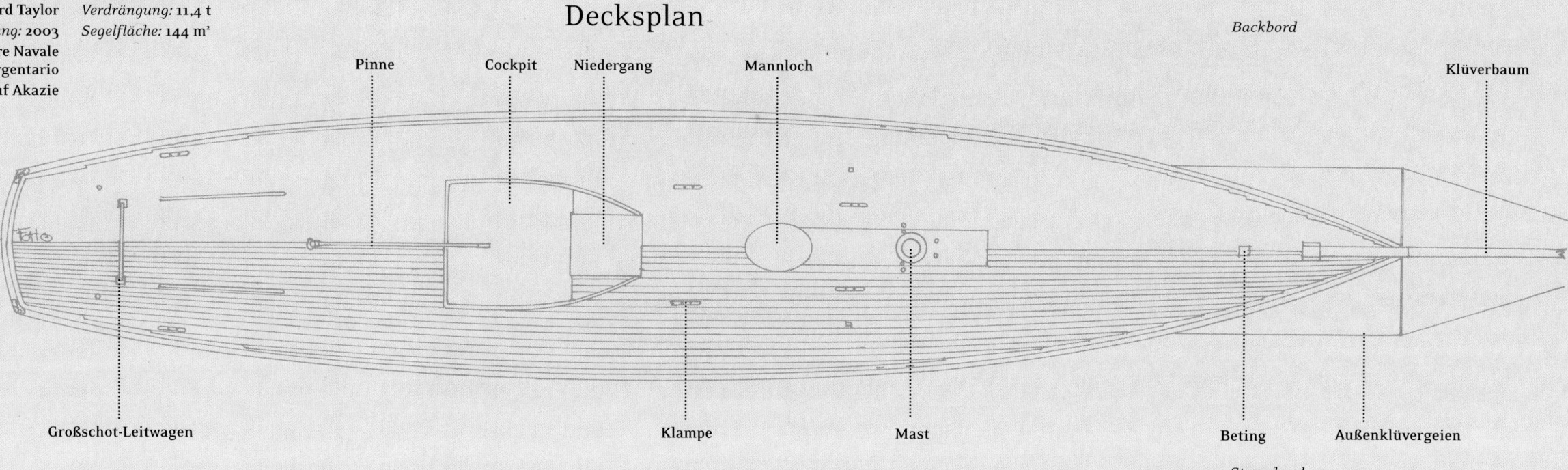

Backbord

Pinne Cockpit Niedergang Mannloch Klüverbaum

Großschot-Leitwagen Klampe Mast Beting Außenklüvergeien

Steuerbord

Einrichtungsplan

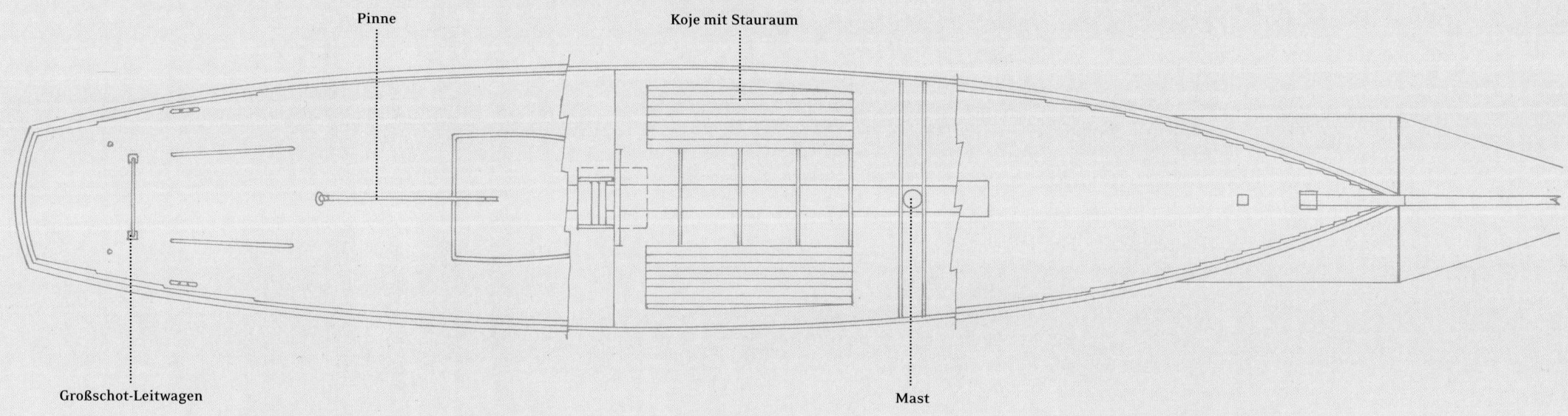

Pinne Koje mit Stauraum

Großschot-Leitwagen Mast

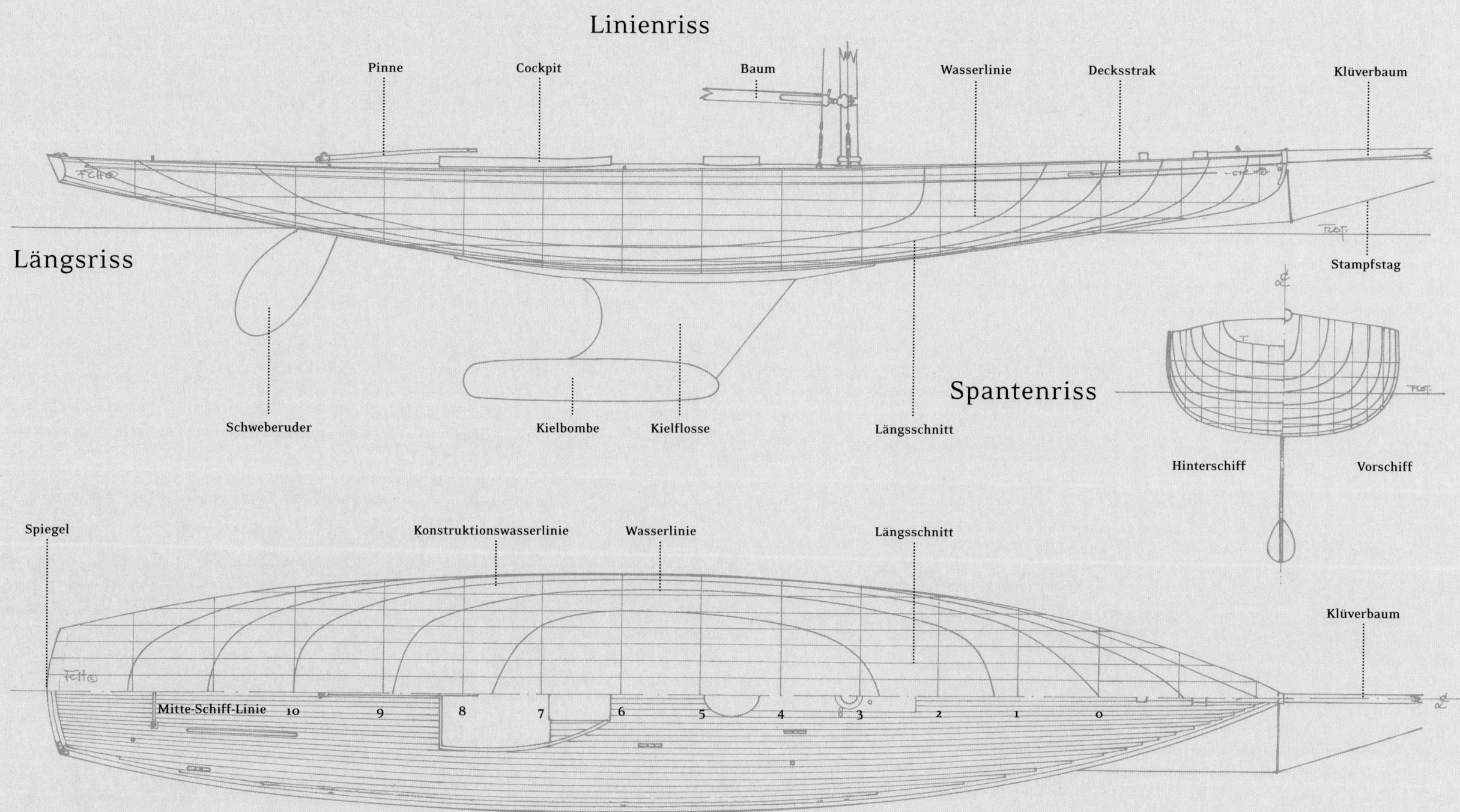

Linienriss

Pinne Cockpit Baum Wasserlinie Decksstrak Klüverbaum

Längsriss

Stampfstag

Schweberuder Kielbombe Kielflosse Längsschnitt

Spantenriss

Hinterschiff Vorschiff

Wasserlinienriss

Spiegel Konstruktionswasserlinie Wasserlinie Längsschnitt

Klüverbaum

Mitte-Schiff-Linie 10 9 8 7 6 5 4 3 2 1 0

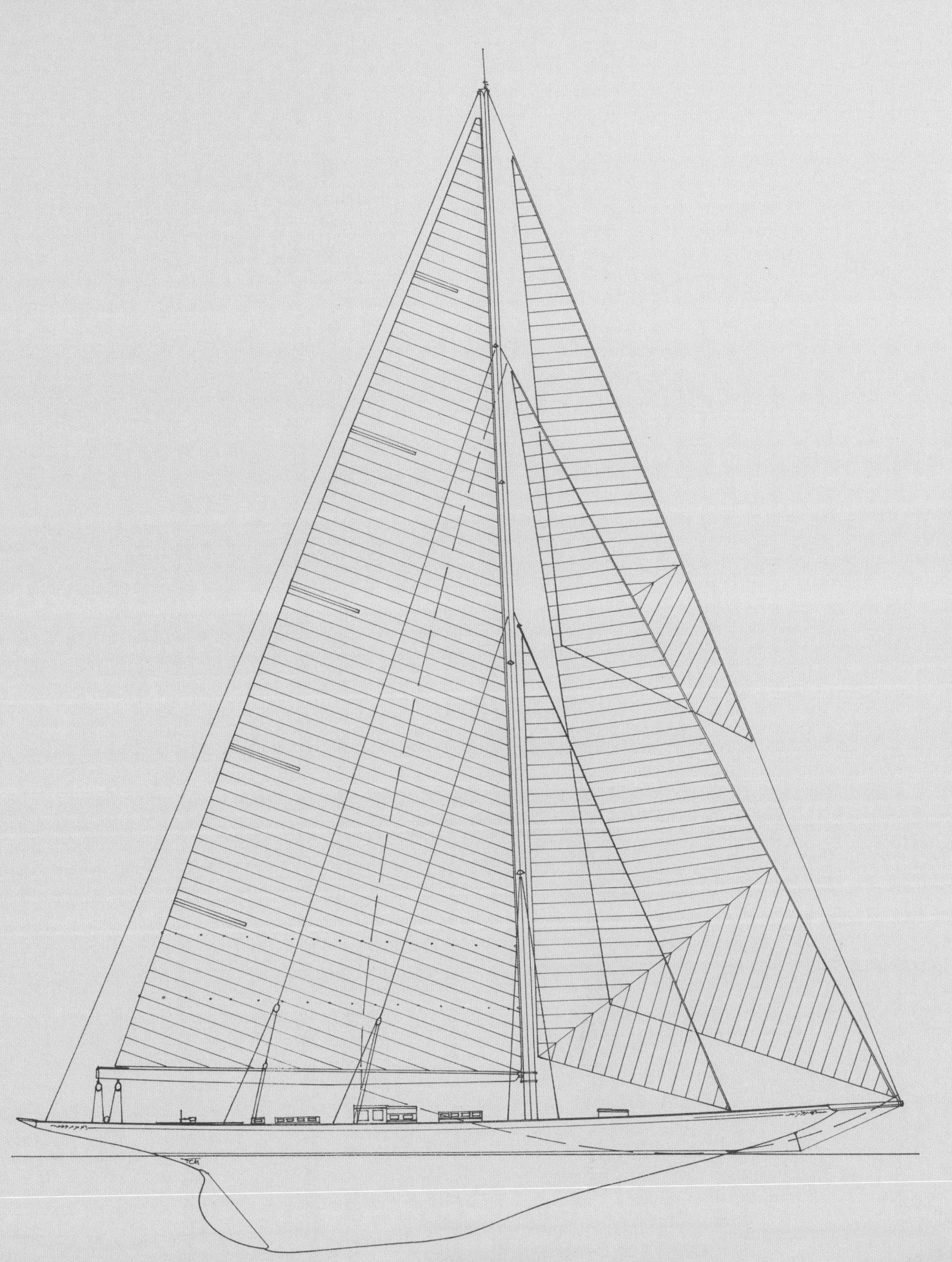

Cambria

Dass Fife-Konstruktionen so beliebt sind, hat zweifellos gute Gründe. Und es ist sicherlich nicht der Schmuckstreifen mit dem goldenen Drachenkopf, der die Begehrlichkeiten der Yachtsegler weckt. Es muss also ein anderes Motiv geben, nämlich ihre anmutige Linienführung! Niemand wird je der 1928 gebauten 23-m-R-Yacht *Cambria* die Eleganz absprechen. Die Erfolge im Regattageschehen blieben allerdings immer hinter den Erwartungen ihrer Eigner zurück. Sollte dies vielleicht den Beweis liefern, dass schön nicht immer auch schnell bedeutet?

Im Oktober 2003 wurde schließlich auch die *Cambria* als »J« vermessen. Diese Ehre war den drei 23-m-R-Yachten *White Heather*, *Astra* und *Candida* bereits 70 Jahre früher zuteilgeworden.

Mit gerefften Segeln schiebt sich der große Kutter spielend durch die See. Aufbauten, Oberlichter und Niedergänge sind mit Persenningen gegen Seeschlag geschützt (linke Seite).

Die 14-Meter-Slup wirkt im Schatten des riesigen Großsegels der *Cambria* wie ein Modellboot (rechts).

S ir William Ewart Berry (1879–1954), erster Eigner der *Cambria*, hatte im Ersten Weltkrieg mit der Zeitschrift »The War Illustrated« ein Vermögen verdient. In seinem Besitz befand sich unter anderen das Magazin »The Yachting World«, das seinerzeit von dem nicht unbekannten Major Brooke Heckstall-Smith geleitet wurde. Und dessen Artikel und Bücher, die zu den Standardwerken zählten und von seinen Anghörigen und Fans als »bookstall«, also Bücherstand, bezeichnet wurden, haben zweifellos Sir Berry in seiner Entscheidung beeinflusst, eine Segelyacht in Auftrag zu geben und bei seiner ersten Royal Harwich-Regatta Heckstall-Smith als Steuermann zu engagieren. Offensichtlich hatte er auch von der *Katoura* gehört, jener ersten in Amerika gebauten Yacht der J-Class, die in ihren Abmessungen den englischen 23-m-R-Yachten entsprach und in Europa an Regatten teilnehmen sollte.

Für Berry wurde 1928 zu einem schicksalsträchtigen Jahr, in dem er nicht nur die Zeitung »The Daily Telegraph«, sondern auch eine absolut moderne Yacht namens *Cambria* erwarb, die ihm große Siege einfahren sollte. Im Geheimen hatte er 1928/29 sogar eine Teilnahme am America's Cup in Erwägung gezogen, doch dann zugunsten von Sir Thomas Lipton verzichtet. Erst 1934, mittlerweile als Lord Camrose, engagierte er sich offensiv im Cup-Geschehen, was bei seinem Konkurrenten Tom Sopwith, seines Zeichens Konstrukteur von Flugzeugen, zu einer gewissen Beunruhigung führte.

Die Big Class von 1928

Nicht jeder Yachteigner ist auch ein talentierter Segler, der zugleich über Ausdauer und eine ordentliche Portion Glück verfügt. Doch zumindest wurde die Saison 1928 durch die beiden neuen Schiffe der 23-m-R-Klasse – die am 21. April des Jahres in Gosport vom Stapel gelaufene Nicholson-Konstruktion *Astra* von Sir Mortimer Singer (1863–1929) und die zehn Tage später zu Wasser gelassene *Cambria* vom Zeichenbrett des William Fife III unter Mitarbeit seines Neffen Robert Balderston Fife – eindeutig bereichert, zumal lange Zeit nicht mehr so viele große Yachten zu Wettfahrten versammelt gewesen waren.

Natürlich gab es da noch den Kutter *Britannia* von König Georg V. (1893 für den Prinzen von Wales und späteren König Edward VII. von G. L. Watson gezeichnet und von D. und W. Henderson am River Clyde gebaut). Und es segelte auch die zeitgleich aufgelegte *Valkyrie II* des Grafen Dunraven, Herausforderer im America's Cup, die 1926 von W. Fife eines jener damals angesichts der amerikanischen Kutter in Mode gekommenen Marconiriggs erhalten hatte, nachdem bereits 1900, 1910 sowie 1920 Modifikationen an Takelage und Segelplan vorgenommen worden waren. Dieser Racer hatte zumindest in der Saison 1927 auf acht von 24 Wettfahrten gewonnen und bis dahin insgesamt 187 erste Plätze eingefahren.

Der berühmte Stahlschoner *Westward* aus dem Jahre 1910, gezeichnet von N. Herreshoff, mittlerweile im Besitz des Südafrikaners Thomas B. Davis und auf der Insel Jersey beheimatet, tauchte dagegen nicht mehr auf dem Regattafeld auf, wohl

aber die *Lulworth* (ex-*Terpsichore*). Dieser Kutter der »Big Class« wurde 1920 von Richard H. Lee bei Herbert W. White in Auftrag gegeben, um der Klasse nach dem Ersten Weltkrieg zum Aufschwung zu verhelfen, und bei White Brothers in Southampton gebaut. Nach Lees Tod 1923 wurde aus der *Terpsichore* die *Lulworth*, die im Besitz von Herbert Weld-Blunell den 1925er King's Cup gewann. Die Big Class wurde 1925 wie auch 1926 von der siegreichen *Lulworth* dominiert, die mittlerweile an Sir Mortimer Singer weiterverkauft war. Dieser veräußerte das Schiff zwecks Bau der *Astra* an den Bankier Alexander Allan Paton, einen Neuling im Geschäft der Riesenyachten, der mit einem frisch überholten Gefährt auf dem Parcours erschien.

Die älteste damals noch segelnde Yacht der 23-m-R-Klasse war die zweite *White Heather*, die am 16. April 1907 für Myles B. Kennedy auf der Werft Fife & Sons vom Stapel gelassen wurde. Die allererste als J vermessene Yacht gehörte dagegen Sir James Pender (1841-1927), jenem Mann, der das Telefonkabel über den Atlantik hat verlegen lassen, war bei Camper & Nicholsons in Gosport gebaut, zwei Tage vor der *White Heather* auf den Namen *Brynhild II* getauft und 1910 vor Harwich gesunken ...

Nach dem Krieg ließ der Architekt und Ingenieur Sir Charles Carrick Allom (1865-1947) die *White Heather* mit einem Marconirigg versehen und absolvierte mit der Yacht 1924 eine überaus erfolgreiche Regattasaison mit sieben ersten und acht zweiten Plätzen bei insgesamt 19 Starts. 1925 überließ er das Schiff für die Wettfahrten der Saison dem Industriellen Lord Waring (1860-1940), der sich wäh-

rend des Krieges um die Montage amerikanischer Handley-Page-Bomber gekümmert hatte. Dieser verpasste der Yacht 1931 für ihre Vermessung als America's Cupper ein von Charles E. Nicholson entworfenes Bermudarigg. Wenig später erfolgte der Verkauf an den Geschäftsmann William L. Stephenson, der die Yacht noch am Ende desselben Jahres auflegte und das Blei des Kiels für den Neubau der J-Class *Velsheda*, die am 17. April 1933 in Gosport vom Stapel lief, verwenden ließ. Der bekannteste Eigner in der Big Class, Sir Thomas Lipton, der sich sowohl auf dem Solent wie seit seiner ersten America's Cup-Herausforderung 1895 auch in der Bucht von New York zu Hause fühlte, segelte seinerzeit mit seiner fünften *Shamrock*, seinem Lieblingsschiff. Dieser 23-m-R-Kutter aus der Feder von William Fife III war Nachfolger der *Shamrock IV*, ohne je als Nummer fünf gezählt zu werden, und kam im April 1908 in Fairlie zu Wasser. Es war das erfolgreichste Schiff der Regattasaison 1925, und wenn Sir Thomas Lipton einmal nicht siegen konnte, so soll er gelächelt und angekündigt haben: »I'll come back again.« Was sich immer aufs Neue bewahrheiten sollte ...

Vier Tage nach dem Stapellauf der *Shamrock* kam – ebenfalls im Monat April, der offensichtlich für J-Class-Stapelläufe prädestiniert war – bei Camper & Nicholsons die *Astra* des Sir Mortimer Singer zu Wasser, der am Ende des folgenden Jahres sein Leben beendete. Sein Schiff ging an Sir Howard Frank, der es an den Brauereibesitzer Hugh Paul verkaufte, in dessen Besitz die *Astra* 1931 von Charles E. Nicholson zur J-Class umgebaut wurde.

Das Feuerschiff ist eine Wendemarke. *Cambria* setzt schwer in die Seen ein und nimmt dabei auch etwas Wasser über (oben).

In der heißen Vorbereitungsphase vor einem Regattastart steht der Vorschiffsmann ganz vorn auf dem Klüverbaum und weist dem Steuermann die Richtung. Bloß keinen Meter verschenken! Und keine Schiffsberührung (linke Seite)!

Die schwierigen Anfänge

Wie wir sehen konnten, hatte jede der legendären Yachten ihr spezielles glorreiches Jahr. Das Handicap oder die Vergütung orientierte sich an der Größe und dem Alter der Schiffe, und zudem wurde die Formel jedes Jahr geringfügig verändert, um etwaigen Ungerechtigkeiten der vorangegangenen Saison Rechnung zu tragen.

Im Jahre 1928 lautete die große Frage, wie die beiden neuen 23-m-R-Yachten *Cambria* und *Astra* im Verhältnis zu den alten Big Class-Schiffen *White Heather* und *Shamrock* sowie zu den noch größeren Einheiten wie *Lulworth*, *Britannia* und *Westward* vermessen würden. Die Artikel des Major Heckstall-Smith heizten die Diskussionen an. Auf keinen Fall wollte man die neuartige Takelage des Bermudariggs bevorzugen, wie es 1921 bei der 1906 gebauten *Nyra* eingeführt worden war, als die irischstämmige Eignerin Elizabeth Russel-Workman Charles Nicholson bei der Modernisierung ihrer Yacht freie Hand ließ. Schließlich entschied man sich dafür, von *Lulworth* und *Westward* auszugehen, sodass der *Britannia* 7,5 Sekunden pro Seemeile gutgeschrieben wurden, der *White Heather* und der *Shamrock* je 9, der *Cambria* 12,8 und der *Astra* 14. Diese Schiffe waren nicht gleich groß und trugen zudem unterschiedliche Riggs wie eine Schoner-, eine Marconi- oder eine Bermudatakelung.

Die starken Seiten der alten Schiffe waren allen wohlbekannt: Während die *Britannia* hoch am Wind gefürchtet war, besaß die *Westward* alle Vorteile eines Schoners, und die *Shamrock* wie die *White Heather* waren bei leichten Winden unschlagbar. Die *Cambria*, die auf einem ihrer ersten Dreieckskurse vor Harwich in einer Bö plötz-

lich der *Britannia* davonsegelte, erwies sich jedenfalls als untertakelt, und von 34 Wettfahrten in jenem Jahr beendete sie nur zwei. Da sah das Ergebnis der *Astra* mit fünf ersten Plätzen bei 26 Starts deutlich besser aus.

Im Jahre 1929 blieb die *Britannia* an Land, denn der König war krank. Für die anderen Yachten, die dank des stetig verbesserten Vergütungsverfahrens immer gerechter gegeneinander antreten konnten, wurden noch mehr Regatten veranstaltet. Und immer mehr erfolgreiche Geschäftsleute entdeckten ein Interesse am Wettsegelgeschehen. So ließ der Banker Herman A. Andreae bei Camper & Nicholsons mit der *Candida* eine sechste 23-m-R-Yacht bauen, die im Mai vom Stapel lief. 1930 kehrte die *Britannia* auf den Parcours zurück, und Sir Thomas Lipton orderte bei Charles E. Nicholson eine J-Class, die er *Shamrock V* nannte, und mit der er eine America's Cup-Herausforderung aussprechen wollte. Diese Yacht, die am 14. April zu Wasser kam, nahm an 22 Wettfahrten teil, von denen sie 15 gewann, und überquerte anschließend anlässlich des Cups den Atlantik. Die Teilnahme verlief alles andere als erfolgreich, denn die *Shamrock V* wurde von der Gegnerin *Enterprise* auf allen Wettfahrten geschlagen. Dagegen entwickelte sich die Regattasaison 1930 für die *Cambria* als die beste seit ihrer Taufe: 49 Mal ging sie an den Start und heimste insgesamt 21 erste Preise ein, in der Flotte der acht Yachten der Big Class, von denen die Hälfte ein Bermudarigg trug, ersegelte sie 14 zweite Plätze. Dennoch entschied sich ihr Eigner Lord Camrose, der auch die 1922 für den Grafen von Dunraven gebaute, 57,60 Meter lange Motoryacht *Sona* sein Eigen nannte, die *Cambria* bei den folgenden Wettfahrten im Hafen zu lassen.

Ein Leben in Saus und Braus

1933 wurde *Cambria* radikalen Veränderungen unterzogen und wandelte sich mit der eingebauten Maschine zum reinen Fahrtenschiff. Im Besitz von Sir Robert MacAlpine erhielt sie den Namen *Lillias*. Nach dem Tod MacAlines 1936 gelangte das Schiff in den Besitz von H. F. Giraud, der es in die nördliche Ägäis nach Chios überführte, von wo es zu Charterfahrten auslief.

Das neue Leben der ehemaligen *Cambria* wurde nunmehr vom türkischen oder auch ottomanischen Jet-Set geprägt, und sie segelte oft an der Seite der *Savarona*, Yacht des Präsidenten und Gründers der modernen Türkei, Mustafa Kemal, genannt Atatürk. Vermutlich hat an Bord gar ein Treffen von Joachim von Ribbentrop, damals deutscher Außenminister, mit Kemal Atatürk stattgefunden. Die letzte Besichtigung durch einen Agenten von Lloyd's Register hat 1939 stattgefunden. 1950 ließ Giraud eine neue Maschine installieren. Die *Lillias* blieb auf Chios beheimatet, bis 1961 der Belgier André J. M. Verbeke die Yacht erwarb und ihr den alten Namen wiedergab. Die nächste Zeit bis 1963 verbrachte das Schiff mit einer neuen Segelgarderobe von Gravalis in den Gewässern vor Piräus. 1964 ging es an den Belgier George Plouvier aus Antwerpen, der bei Ratsey & Lapthorn neue Segel bestellte und einen 190-PS-Berliet einbauen ließ. Die *Cambria* tauchte für kurze Zeit im Ärmelkanal auf, unternahm aber weiterhin die meisten Monate des Jahres Fahrten im Mittelmeer. Dort übernahm sie 1972 der amerikanische Geschäftsmann Michael Sears zwecks einer Weltumseglung. Zwei Jahre später landete *Cambria* mit gebrochenem Mast auf den Kanaren, im folgenden Jahr entwarf Harry Spencer ein Ketschrigg, mit dem sie den Atlantik querte. Nach vier Jahren in der Karibik wurden 1981 in Miami die Einbauten restauriert, 1983 schipperte die Yacht durch den Panamakanal und weiter in die Südsee. 1984 erreichte sie Neuseeland, im Jahr darauf Australien.

1986/87 war die *Cambria* bei den Austragungen von Louis Vuitton Cup und America's Cup vor Fremantle zugegen. Dort erwarb sie der Neuseeländer Charlie Whitcombe, um Cap Leeuwin zu runden und durch die Bass Strait und die Tasmanische See nach Auckland zu segeln. 1994 stand die Yacht in Townville am Nordausläufer des Great Barrier Reef erneut zum Verkauf.

Eine erste Restaurierung

Der australische Premierminister entdeckte die *Cambria* und ermunterte seine Freunde Denis O'Neil und John David, die Yacht zu kaufen und zu restaurieren, was diese 1995 unter Leitung des Konstrukteurs und Steuermanns Ian Murray veranlassten. Im April des Jahres wurde die Yacht nach Brisbane verholt, und noch im Wasser ihrer Aufbauten, des Decks und des Innenausbaus entledigt. Am 2. Juni gelangte die ausgeweidete *Cambria* auf die Werft Norman Wright & Son.

Ein Flautenstart. Noch liegen die großen Klassiker *Altair* oder *Mariette* wie Blei im Wasser, aber bald wird Thermik aufkommen (links)!

Der Innenausbau der *Cambria* ist original erhalten. Er stammt aus dem Jahre 1928, als William Fife III 70 Jahre alt wurde.

Blankgeputztes Messing am Steuerrad, ein Baumnockbeschlag von Harry Spencer, liebevoll besäumte Lederabdeckungen für die Umlenkblöcke am Mast, ein alter Maschinentelegraf: Die Qualität dieser Yacht zeigt sich in jedem Detail (oben).

In damaligen Zeiten bedeutete solch ein Rigg ein wirkliches Wagnis, denn der Stahl war noch weich, und das stehende Gut hatte enormen Reck. Das Radar ist eine willkommene Technik der neueren Zeit, um etwaige Gefahren in der Umgebung des Schiffes zu orten (linke Seite).

Dort wurden das Spantwerk und die Beplankung durchgesehen und überholt oder nach Bedarf ersetzt, vor allem die Mastspur, der Heckbalken, der Ruderkopf, die Püttinge und die Steueranlage. Man entfernte sämtliche Nieten und verwendete stattdessen Bolzen aus rostfreiem Stahl. Die Deckskonstruktion aus Kiefernholz war erhaltenswert, doch darauf musste ein neues Stabdeck aus Teak verlegt werden. Auch der Cummings-Motor für den hydraulikgesteuerten Zweischraubenantrieb bedurfte einer grundlegenden Überholung. Die Innenaufteilung im Vorschiff erfuhr leichte Modifikationen zugunsten des Komforts und der Installation moderner Gerätschaften; der Salon und die sechs Kabinen, die vorwiegend in Mahagoni gehalten waren, wurden dagegen originalgetreu rekonstruiert. Allein die Decke erhielt eine Sperrholzverkleidung und einen weißen Lackanstrich. Nach acht Monaten traf eine strahlende *Cambria* in Sydney ein, wo sie die folgenden fünf Jahre beheimatet war.

Wie in der Belle Epoque

Peter Mandin, Skipper der *Lady Anne*, einer 1912 gebauten 15-m-R-Konstruktion von Fife, die 1998 in Fairlie restauriert wurde, weilte 2001 anlässlich eines Urlaubs in Australien, als er über einen Makler vom Verkauf der *Cambria* erfuhr. Begeistert setzte er Himmel und Hölle in Bewegung, um John David zu einer Überführung des Schiffes nach Cowes anzustiften, wo im selben Jahr das 100-jährige Jubiläum der Meter-Klassen gefeiert werden sollte und sich fraglos ein Interessent finden würde. Nach fünf Monaten harter

Arbeit unter tatkräftiger Mitwirkung von Fairlie Restorations, Harry Spencer und der Segelmacherei North war der Segler schließlich wieder im Originalzustand hergestellt. Und weil man die Fläche des Großsegels geringfügig verkleinert hatte, liegt das Schiff nun sogar besser auf dem Ruder, wiewohl die *Cambria* noch immer nicht voll ausbalanciert segelt. Aber wie sollte sie auch, ist doch die Position ihres Mastfußes ursprünglich für ein Gaffelrigg berechnet gewesen. Es wäre sicher einmal interessant, die Schiffe der 23-m-R-Klasse unter diesem Aspekt zu vergleichen und auch die diesbezügliche Entwicklung der J-Class zwischen 1927 und 1937 zu betrachten.

In den Genuss des Anblicks der eleganten *Cambria* kommen heute vor allem die Chartergäste in Ägäis und Karibik und die zahllosen Besucher der herbstlichen Klassikertreffen an der Côte d'Azur, wo der Yacht schon so manches Mal der Prix d'Elegance zugedacht wurde.

Technische Daten

Name: *Cambria*
Konstrukteur: William Fife III
Werft: William Fife & Sons, Fairlie
Takelung: Bermudarigg
Vermessung: 23-m-R-Yacht, seit 4.10.2003 J-Class
Stapellauf: 1. Mai 1928
Erster Eigner: Sir William Ewart Berry
Weitere Namen: *Lillias*
Restaurierungen: 1995, 2001
Werften der Restaurierung: Norman Wright & Son,
Brisbane, und Fairlie Restorations, Fairlie
Bauweise: Kompositbau, Mahagoni auf Stahl

Lüa: 37,65 m
LüD: 34,66 m
LWL: 22,86 m
Breite: 6,21 m
Tiefgang: 4,26 m
Ballast: 60 t
Verdrängung: 132 t
Segelfläche am Wind: 759 m²

Decksplan

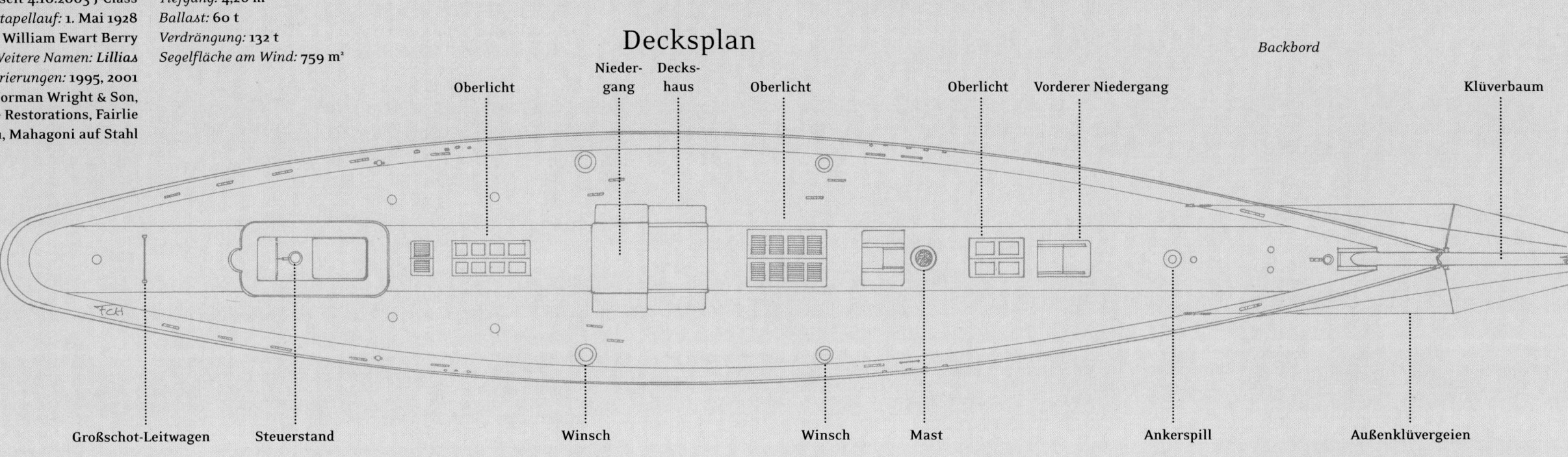

Backbord

Oberlicht · Nieder-gang · Decks-haus · Oberlicht · Oberlicht · Vorderer Niedergang · Klüverbaum

Großschot-Leitwagen · Steuerstand · Winsch · Winsch · Mast · Ankerspill · Außenklüvergeien

Steuerbord

Einrichtungsplan

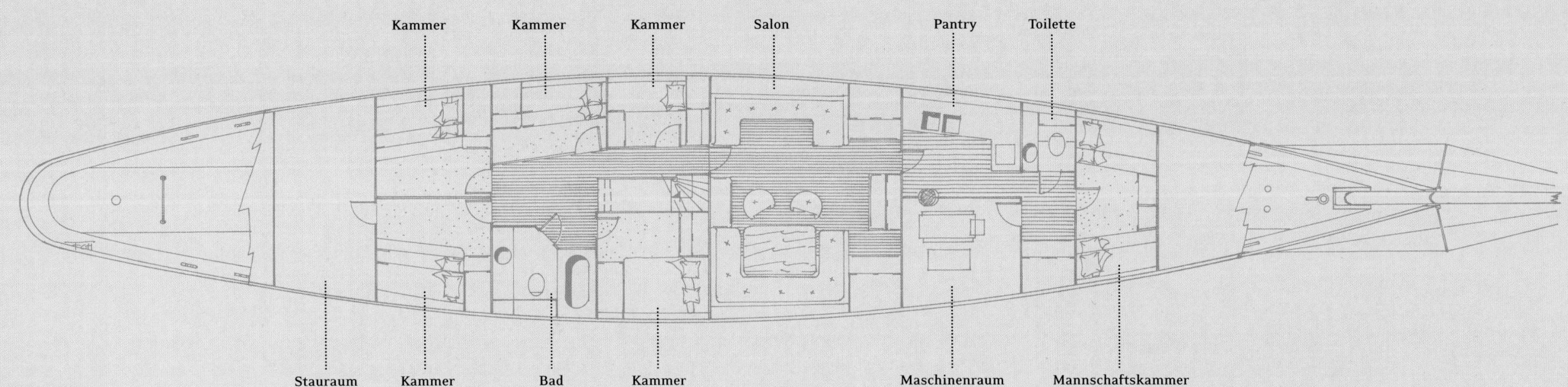

Kammer · Kammer · Kammer · Salon · Pantry · Toilette

Stauraum · Kammer · Bad · Kammer · Maschinenraum · Mannschaftskammer

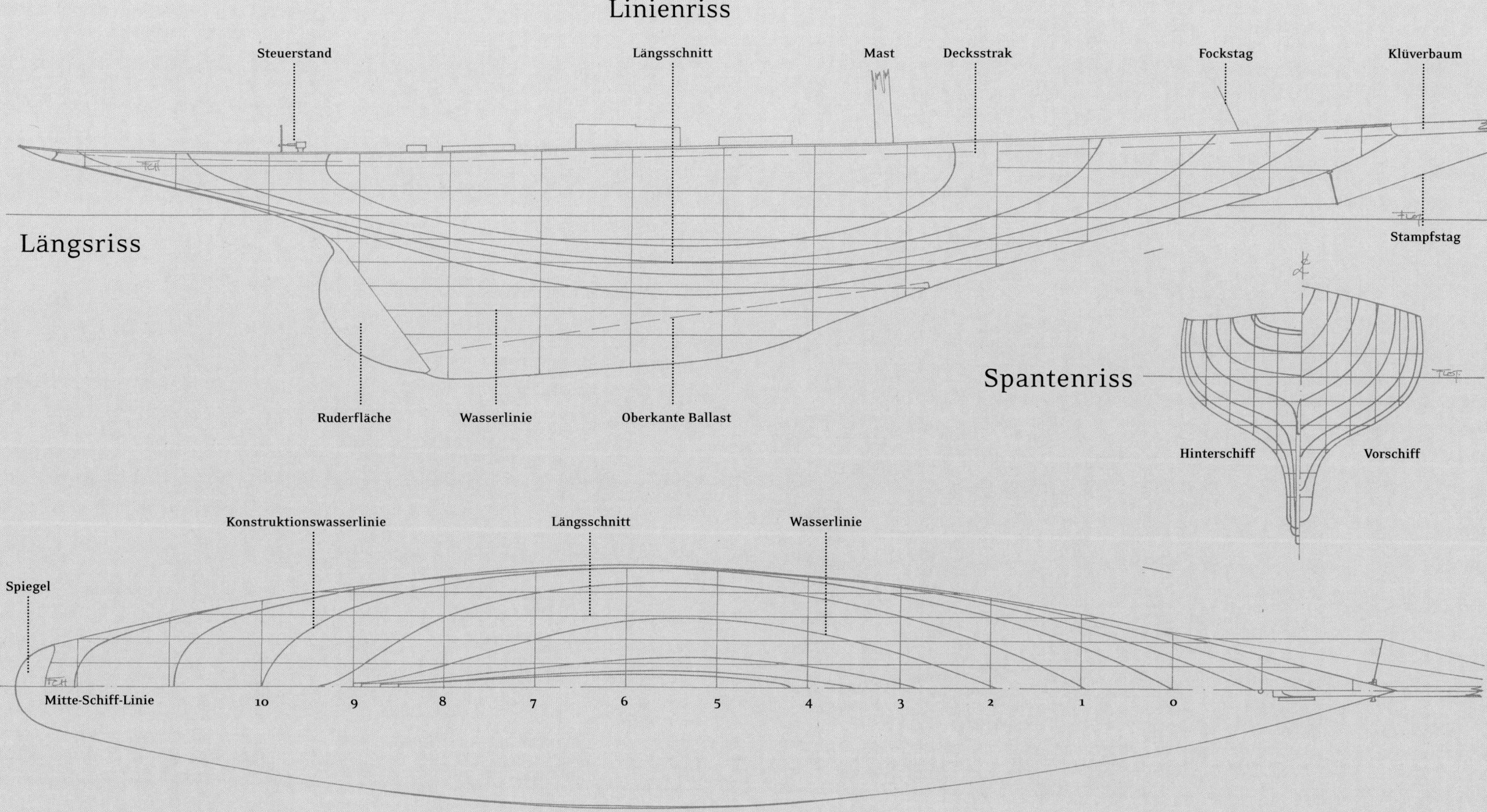

Linienriss

Längsriss

Steuerstand — Längsschnitt — Mast — Decksstrak — Fockstag — Klüverbaum

Stampfstag

Ruderfläche — Wasserlinie — Oberkante Ballast

Spantenriss

Hinterschiff — Vorschiff

Wasserlinienriss

Spiegel

Konstruktionswasserlinie — Längsschnitt — Wasserlinie

Mitte-Schiff-Linie — 10 — 9 — 8 — 7 — 6 — 5 — 4 — 3 — 2 — 1 — 0

Eleonora

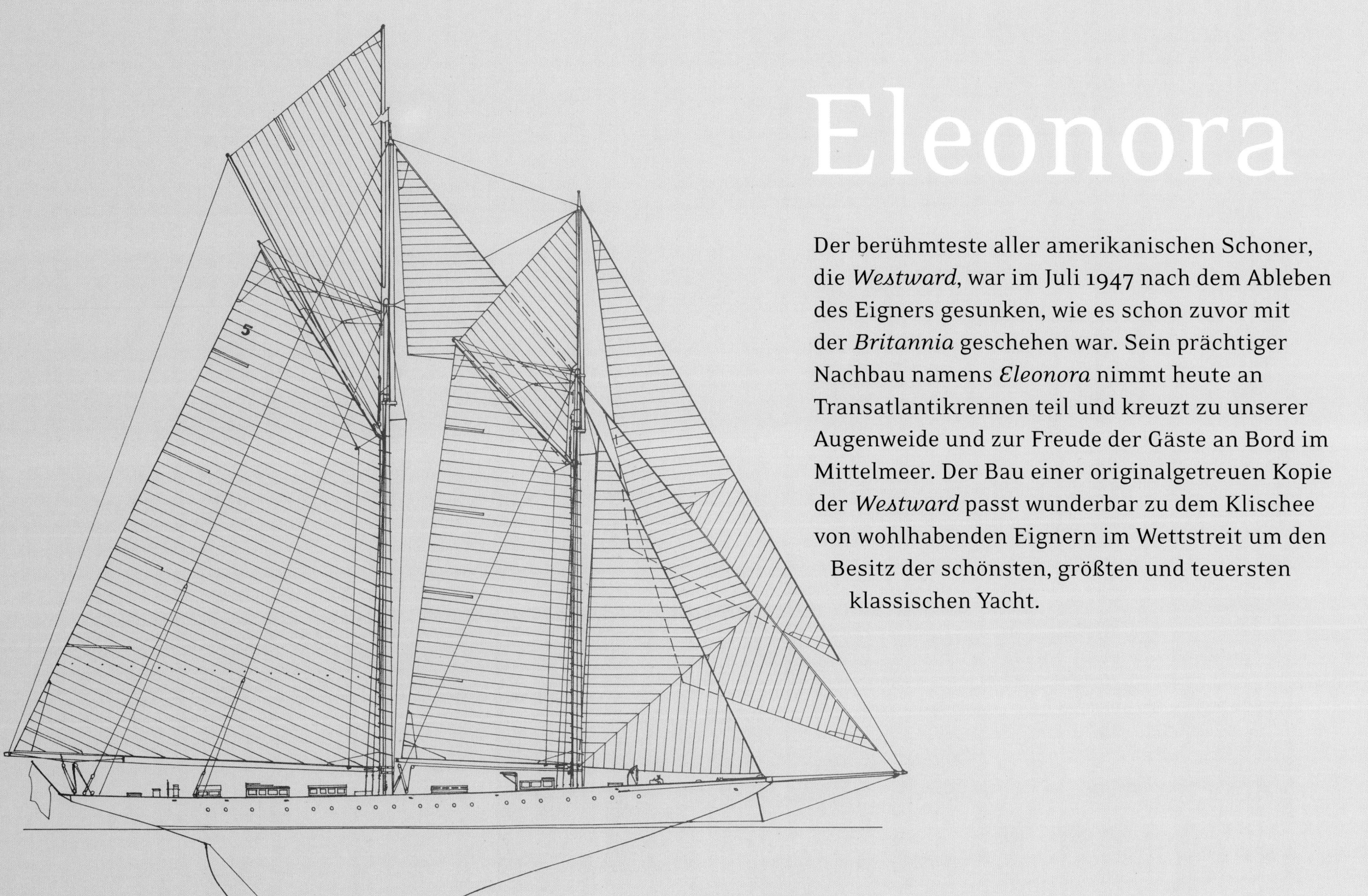

Der berühmteste aller amerikanischen Schoner, die *Westward*, war im Juli 1947 nach dem Ableben des Eigners gesunken, wie es schon zuvor mit der *Britannia* geschehen war. Sein prächtiger Nachbau namens *Eleonora* nimmt heute an Transatlantikrennen teil und kreuzt zu unserer Augenweide und zur Freude der Gäste an Bord im Mittelmeer. Der Bau einer originalgetreuen Kopie der *Westward* passt wunderbar zu dem Klischee von wohlhabenden Eignern im Wettstreit um den Besitz der schönsten, größten und teuersten klassischen Yacht.

Eleonora,
der prachtvolle
Nachbau der
Westward, vor den
Felsen des Massif
des Maures an der
französischen
Mittelmeerküste.

Welches ist die berühmteste Segelyacht? In der Sparte »Zweimaster« gab es eine amerikanische Yacht, deren Erfolgsserie einmalig blieb, die den Schiffbau revolutionierte, sechs Mal den America's Cup gewann und die europäische Konkurrenz wie etwa die Yacht des englischen Königs Georg V. und die des deutschen Kaisers Wilhelm II. weit hinter sich lassen konnte. Natürlich die *Westward*! Das war nämlich nicht so eine »Louis-XV.-Kommode«, wie manch ein Amerikaner die schönen Schoner der englischen Konstrukteure Fife oder Nicholson verächtlich bezeichnete, sondern eine wahre Rennmaschine und zudem von vollendeter Schönheit.

Der Holländer Ed Kastelein ist kein Mensch, der beim Ausleben seiner Leidenschaften knausern würde, vor allem aber nicht beim Nachbau der *Westward*, zu dem er sich 1998 entschloss. Der Geschäftsmann, dessen Vorfahren über Generationen als Fischer gearbeitet hatten, verstand etwas von diesem Business, hatte er doch zuvor den 1930 in Deutschland gebauten Schoner *Borkumriff* des Barons Wilhelm von Fink erworben und bereits 1987 die 1962 von Sparkman & Stephens gezeichnete 20-Meter-Yawl *Aile Blanche* gekauft, die bei Sangermani gebaut worden war. Dass er vom Fortschritt der Technik überzeugt war, brachte er unter anderem mit dem Nachbau der *Zaca* von Errol Flynn zum Ausdruck, der er zu einem ultramodernen Unterwasserschiff verhalf. Diese *Zaca a te Moana* wurde nach Plänen von Olivier F. van Meer auf der Amstel Shipyard gebaut und lief 1992 vom Stapel.

Es folgte das Abenteuer mit der *Eleonora*, denn Kastelein ließ sich nicht aufhalten. Dabei erwies sich die Freude an den Vorbereitungen und der Realisierung des Neu- bzw. Nachbaus des Schoners als mindestens ebenso wichtig wie das Glück des Besitzes oder das Behagen, mit der Yacht zu segeln. Die *Westward* wurde einst von einer 45-köpfigen Mannschaft bewegt, doch mit so vielen Menschen mag sich kein moderner Eigner an Bord umgeben, geschweige denn, dass er sie über die Saison bezahlen wollte. Doch wie sollte man so ein Schiff bauen, das mit fünf Leuten zu segeln war, ohne zu Konzessionen hinsichtlich der Schönheit und der Anmut gezwungen zu sein?! Bevor wir zur Antwort kommen, beleuchten wir erst einmal den Namen der neuen Yacht, der natürlich eine Geschichte hat: Als 18-Jähriger war Ed Kastelein in England gewesen und hatte, wie es jeder Segelbegeisterte tut, mit seinen Freunden ständig am Hafen herumgelungert, als eines Tages ein besonders schöner Segler den Hafen verließ – die *Eleonora* … Die *Westward* sollte also *Eleonora* heißen!

Die ersten Stahlschoner von Herreshoff

Die *Westward* war der wohl bekannteste der großen Herreshoff-Schoner aus Stahl, die der »Zauberer aus Bristol« gezeichnet und der im Alter von 14 Jahren erblindete ältere Bruder John Brown Herreshoff zwischen 1893 und 1920 bei der Herreshoff Manufacturing Company in Bristol, Rhode Island, gebaut hat.

Die beiden waren Meister in der Konstruktion großer Yachten über 25 Meter Wasserlinienlänge. Bereits 1893 und 1895 hatten Schiffe aus ihrem Hause beim

Zum Setzen und Wegnehmen des riesigen Toppsegels wird ein Mann auf die Saling geschickt (links).

Das Deck der *Eleonora* bietet nebst der Crew auch zahlreichen Gästen Platz, ohne dass es hier eng würde (rechte Seite).

Die wenigen Konzessionen an den Segelkomfort an Deck tun dem erhabenen Anblick der *Eleonora* keinen Abbruch (folgende Doppelseite).

America's Cup gesiegt, ihnen folgte 1899 und 1901 die *Columbia*, und 1903 sollte die *Reliance*, ein America's Cupper mit 1501 Quadratmeter Segelfläche, die glorreiche Serie abrunden.

Das erfolgreiche Gespann lockte eine ganze Reihe zahlungskräftiger Yachtsegler nach Bristol, und einigen gelang es, Nathanael zur Konstruktion großer Stahlschoner zu motivieren, doch insgesamt waren dies nur 22 von insgesamt rund 2000 auf der Werft entstandenen Schiffen. L. Francis Herreshoff weiß, warum sein Vater so zögerlich war: »Captain Nat lehnte das Rigg der Schoner als zu kompliziert und kostspielig ab und fand außerdem, dass es zu viel Windwiderstand bot.« Gleichwohl wendete sich der urwüchsige F. Morton Plant an die Herreshoff-Brüder mit dem Ansinnen, einen Schoner zu bauen, und Nathanel konnte seine Vorbehalte überwinden und begann die Linien der *Ingomar* zu entwerfen, die der erste in der erstaunlichen Folge von Herreshoff-Schonern werden sollte.

Im Laufe ihrer ersten Saison gewann die *Ingomar*, ein Stahlschoner mit einer Wasserlinienlänge von 26,58 Metern, sämtliche Wettfahrten, darunter den Astor Cup. Später überquerte das Schiff mit Skipper Charlie Barr den Atlantik und nahm an nicht weniger als 22 Regatten in England und Deutschland teil, von denen er zwölf gewann, vier Mal wurde er Zweiter und einmal Dritter. Der deutsche Kaiser war von dieser Erfolgsserie derart beeindruckt, dass auch er einen Herreshoff-Schoner orderte, der allerdings noch größer sein sollte. Kaum hatte der Konstrukteur das Modell fertiggestellt, forderte seine kaiserliche Hoheit Änderungen ein. Das hätte er tunlichst lassen sollen, denn Nathanael Herreshoff fand sich nicht bereit, wider besseres Wissen zu handeln, und so wurde dieser Schoner niemals gebaut. 1906 kam es dann aber zur Ausführung eines neuen Stahlschoners namens *Queen* mit einer LWL von 28,20 Metern, den J. Rogers Maxwell bestellt hatte. Nun

war Maxwell einer der berühmtesten Hobbykonstrukteure Amerikas, der seine bisherigen Yachten alle selbst gezeichnet hatte, und Herreshoff fühlte sich durch sein Ansinnen sehr geschmeichelt. Als die *Queen* vom Stapel lief, konnte sich der Konstrukteur vor Komplimenten kaum retten, die den Schoner als das schönste und eleganteste Schiff aus Eisen bezeichneten. Eigner Maxwell verkaufte es später an E. Walter Clark, der es *Irolita* nannte. Diese Yacht kam 1910 in City Island bei einem Brand zu Schaden.

Ein sagenhafter Schoner

Am 31. März 1910 lief der berühmte Schoner *Westward* auf der Herreshoff-Werft in Bristol vom Stapel. Gegen diese Yacht von Alexander Smith Cochran sollten es die englischen und deutschen Yachten der Big Class bei den großen europäischen Regatten der folgenden 25 Jahre verdammt schwer haben.

Die *Westward* entstand auf Initiative von Skipper Charlie Barr, der 1906 den Kutter *Avenger*, eine Herreshoff-Konstruktion von 1907, von Cochran geführt hatte. Barr war noch ganz eingenommen von der legendären Saison 1904 in Europa, und Cochran wollte nun auf seinen Spuren wandeln: Wo also sollte er solch einen Schoner ordern, mit dem er auf der anderen Seite des Atlantiks auftrumpfen konnte? Natürlich bei Nathanael G. Herreshoff! Doch auf keinen Fall durfte er diesem irgendwelche Vorschriften machen …

Das Geschäft wurde beschlossen, und der »Zauberer aus Bristol« fertigte ein Modell an. Nach einigen Probeschlägen machte sich der riesige Schoner mit einer Gesamtlänge von 41,60 Metern und einer LWL von immerhin 29,29 Metern auf den Weg in die Alte Welt. In Europa versegelte die *Westward* sämtliche englischen und deut-

Selbstverständlich nimmt die *Eleonora* an den bedeutenden Treffen klassischer Yachten teil, und so kreuzt die unverkennbare Silhouette des heute größten gaffelgetakelten Zweimastschoners immer wieder im Mittelmeer auf (oben).

Auf Regatten wird eine 15-köpfige Crew gebraucht, damit die zahlreichen Manöver auch zügig und störungsfrei vonstattengehen (rechte Seite).

Auf raumen Kursen lässt sich die Segelfläche des Schoners mit einer Ballonfock und dem großen Fisherman verdoppeln. Das breite Deck ist charakteristisch für die Yachten von der amerikanischen Ostküste (linke Seite).

schen Yachten der Big Class, darunter auch die *Meteor IV* von Kaiser Wilhelm II. Am 16. Juli schickte Charlie Barr folgende Zeilen an Herreshoff: »Dieses Schiff ist fabelhaft. Wir haben auf der Überreise einige heftige Böen abbekommen, doch das Deck blieb trocken. Unter Deck hörte man nicht das leiseste Knarren, was einen auf dem Atlantik wirklich wundert. Und von den acht Wettfahrten, die wir mitgesegelt sind, haben wir alle gewonnen, eine sogar nach berechneter Zeit!« Doch die *Westward* sollte Barrs letztes Kommando sein, denn er starb am 24. Januar 1911 in Southampton im Alter von 47 Jahren.

Die *Westward* kehrte unter Führung von Chris Christensen in die USA zurück und gewann den Astor Cup. Im Oktober 1912 wurde sie von einem deutschen Syndikat aufgekauft und in *Hamburg II* umgetauft. Später erfolgte für die Zeit des Krieges die Beschlagnahmung durch die Britische Admiralität. Ab 1920 nahm der Riesenschoner erneut an allen bedeutenden europäischen Regatten teil und trat gegen die großen Kutter wie etwa die königliche Yacht *Britannia*, gegen 23-m-R-Yachten und auch gegen die J-Class an. Sein letzter Eigner, der Engländer Thomas B. Davis aus Jersey, erwarb das Schiff 1924, doch mit seinem Tod wurde die *Westward* herrenlos und schließlich, gemäß dem letzten Willen des Eigners, am 15. Juli 1947 im Ärmelkanal versenkt.

Die Riesenyachten von Herreshoff

Die *Westward* und ihr Nachbau *Eleonora* zählen zu der Familie der Riesen-Schoneryachten, welche den besten Beweis für die Meisterschaft und das Genie der Herreshoff-Brüder liefern, die sich stets weiterentwickelt haben.

1911 erhielt Nathanael einen Anruf von seinem treuen Kunden Morton F. Plan. Der sagte nur: »Ich will einen ... Schoner der B-Class, und der soll ... ein absoluter Erfolg werden!« Das Geschäft kam zustande, und der stählerne Rumpf der *Elena* sollte dem der *Westward* zum Verwechseln ähnlich sein, doch war der Neubau mit einem Schwert ausgestattet und wies eine leicht veränderte Kielform auf. Die *Elena* gewann in der folgenden Saison sowie 1913 den Astor Cup, später verstarb ihr Eigner, und die Yacht wurde aufgelegt. Sie kehrte erst 1928 im Besitz von William B. Bell ins Regattageschehen zurück, um im King's Cup auf der Strecke New York – Santander die von Charlie Barrs Neffen John Barr geführte *Atlantic* zu schlagen. Ab 1913 begann sich Harold S. Vanderbilt für das Regattasegeln zu interessieren und gab einen neuen Riesenschoner bei Herreshoff in Auftrag. Am Ruder dieser *Vagrant II* mit einer LWL von 24,38 Metern sollte »Mike« Vanderbilt seine ersten Race-Erfahrungen sammeln, um dann 1921, 1922 und 1925 den Astor Cup sowie auch den 1925er King's Cup zu gewinnen.

Im Winter 1913/14 entstanden auf der Herreshoff-Werft der America's Cup-Verteidiger *Resolute* sowie der größte jemals in Bristol gebaute Eisenschoner, die *Katoura* von Robert E. Tod. Dieses Riesenschiff mit einer Gesamtlänge von 49,37 Metern, einer Wasserlinie von 35,05 Meter Länge und einer Verdrängung von 313 Tonnen erhielt seinen Großmast von der *Reliance*, der Besanmast stammte von der Cup-Verteidigerin *Constitution* aus dem Jahre 1901. Die *Katoura* war nicht ganz leicht zu segeln, konnte aber trotzdem nicht nur drei Mal den Bretons Reff Cup, sondern auch wiederholt den Cape May Cup gewinnen. Allerdings sollte auch diese hoffnungsvolle Regattakarriere durch den Ersten Weltkrieg abrupt beendet werden.

1915 verstarb John Brown, der ältere der Herreshoff-Brüder. Im folgenden Jahr lief die von Jacob Frederick Brown georderte *Mariette* vom Stapel, die 80 Jahre später

Das Vorbild der 2000 gebauten *Eleonora*, die *Westward* aus dem Jahre 1910, ist von ihrem Konstrukteur Nathanael G. Herreshoff an einem Halbmodell konzipiert worden. So waren damals auch die acht America's Cup-Verteidiger (und -Gewinner) der »Zauberers aus Bristol« entstanden (oben).

von dem Amerikaner Tom Perkins restauriert wurde und heute wieder in voller
Schönheit durch die Weltmeere kreuzt. 1920 schließlich entstand auf Rechnung von
Carll Tucker der letzte große Schoner der kostspieligen Achter-Serie, die *Ohonkara*,
ein Stahlschoner mit Hilfsmotor, der auf die Linien der *Vagrant II* und der *Mariette*
zurückgriff und mit 24,38 Metern eine ähnliche LWL aufwies. Die Spuren dieser
Yacht verloren sich in den 1960er-Jahren auf den Bermudas.

Neunzig Jahre nach der *Westward*

Was bliebe zu Ed Kastelein zu sagen? Zweifelsohne hat er die selbstgestellte Aufgabe bestmöglich erfüllt und mit der *Eleonora* bei der Van der Graaf-Werft in Holland ein Schiff in Auftrag gegeben, das den modernen Anforderungen der Charter-
fahrt auf vollkommene Weise entspricht. Herreshoff hatte die Linien jedes seiner
Schiffe an einem Halbmodell entworfen, von dem er auch die Mallspanten abnahm,
welche die Schiffsform bereits in Originalgröße definieren. Alle notwendigen Daten
notierte er in einem Heft, doch einen wirklichen Riss zeichnete er nie, natürlich
auch nicht von der *Westward*. Herreshoffs Unterwasserschiffsformen sind bekann-
termaßen originell: Sie weisen einen scharf geschnittenen Bug und auf Höhe der
maximalen Breite nahezu parallel laufende Linien auf, die sich zum Heck stärker
krümmen, was zu einer relativ planen und somit gleitfähigen Form führt, wenn das
Schiff Lage schiebt, und gleichzeitig zu einer verlängerten Wasserlinie. Für den
Nachbau erstellte man die nötigen Schnitte und Risse per Computer.

Am 31. März 2000, also 90 Jahre nach dem Stapellauf und neun Monate, nachdem
auf der Werft die ersten Stahlplatten für den Rumpf zugeschnitten worden waren,
feierte die *Eleonora* Stapellauf am Flüsschen Merwede. Der Eigner hatte höchstper-

sönlich das Finish der Arbeiten organisiert und dabei auf die im Hart Nautical
Museum des MIT (Massachusetts Institute of Technology) in Cambridge archivier-
ten Pläne der *Elena* zurückgegriffen. Nur das aufsehenerregende Flushdeck wurde
durch die Montage elektrischer Winschen - aus Komfortgründen nahezu unver-
zichtbar - leicht verändert, das Rigg, die Beschläge und auch die Inneneinrichtung
wurden dagegen originalgetreu kopiert. Der Großsegelbaum ist ein Kompromiss
zwischen dem 26,44 Meter langen, den man auf der *Westward* auf Regatten nutzte,
und dem kürzeren (19,80 m) für Überführungsfahrten.

Gemäß den modernen Komfortanforderungen im Charterbusiness wurden natür-
lich auch unter Deck einige Konzessionen gemacht, doch das Design, etwa von der
Beleuchtung oder Belüftung, entspricht den Vorschriften Herreshoffs. Auch die
Raumaufteilung mit dem Mannschaftslogis und der Skipperkabine im Vorschiff
und den Kabinen für Gäste und Eigner im Heck ist beibehalten, dagegen sind die
Eignerkabine, früher Damenkabine genannt, sowie die vier Kammern für Gäste
heute mit eigenen Bädern ausgestattet. Der Salon geht wie einst über die ganze
Rumpfbreite, doch liegt er ein wenig weiter vorn und ist nicht ganz so lang, und in
der großen Küche an Steuerbord kann für 40 Personen gekocht werden. Die drei
Kammern für die Crew sind durch zwei Nasszellen, eine Waschküche und einen kleinen Salon ergänzt, während es früher im Vorschiff eine große Kammer mit klapp-
baren Rohrkojen gegeben hat.

Bei den ersten sechs Riesenschonern von Herreshoff handelte es sich um reine
Segelyachten, und erst die 1916 gebaute *Mariette* sollte einen Hilfsmotor erhalten,
wiewohl ihr Rumpf regattatauglich blieb. Die *Eleonora* bekam selbstverständlich
auch eine Maschine, und zwar einen 460-PS-Baudouin, mit dem sie eine Marsch-
geschwindigkeit von zehn Knoten erreicht. Unabdingbar für den weiteren heute an

Die Innenaufteilung und Einrichtung ist von den Originalplänen der *Elena* (Baujahr 1911), dem Schwesterschiff der *Westward*, inspiriert, die im Massachusetts Institute of Technology archiviert werden. Dort finden sich auch Hinweise auf die Holzarten und Muster für die Beschläge. Im Winter 2006 ist die Einrichtung der *Eleonora* noch einmal gründlich renoviert worden, und die Sitzmöbel haben neue Bezüge erhalten (oben).

Bord üblichen Komfort sind die zwei Stromaggregate mit einer Leistung von je 42 Kilovoltampere, eine Seewasserentsalzungsanlage, die 240 Liter pro Stunde schafft, sowie eine für jede Kabine individuell regulierbare Klimaanlage.

Sein Erfolg mit der *Eleonora* hat Ed Kastelein zu noch Größerem inspiriert. Im Jahre 2005 trennte er sich von diesem Schoner und nahm die Rekonstruktion des Dreimastschoners *Atlantic* aus dem Jahre 1903 in Angriff, der über 75 Jahre seinen Transatlantikrekord mit Skipper Charlie Barr halten konnte.

Die *Eleonora* hat sich unterdessen weiter ihrem Vorbild *Westward* angenähert: Sämtliche Segel wurden ausgetauscht und der Komfort für die Mannschaft wie die Gäste enorm verbessert, sodass man sie heute in einem wirklich aktiven Leben bewundern kann.

Eleonora kämpft mit *Tuiga* um die beste Position an der Startlinie. Ed Kastelein, der Initiator des Nachbaus der *Westward*, hat dafür gesorgt, dass der alte Stil trotz einiger Zugeständnisse an den Komfort erhalten blieb. Auf dieses Schiff könnte Nat Herreshoff wirklich stolz sein (rechte Seite).

Technische Daten

Name: Eleonora	*Lüa:* 49 m
Konstrukteur: Nathanael G. Herreshoff	*LüD:* 41,60 m
Takelung: Gaffelschoner	*LWL:* 29,29 m
Schiffstyp: Nachbau der Westward (1910)	*Breite:* 8,20 m
Stapellauf: 31. März 2000	*Tiefgang:* 5,28 m
Erster Eigner: Ed Kastelein	*Ballast:* 65 t Blei
Werft von Rumpf und Deck: Van der Graaf, Hardingsveld-Giessendam	*Verdrängung:* 213 t
Konstrukteur der Rekonstruktion: Gaastmeer Ship & Yacht Design	*Segelfläche am Wind:* 932 m²
Material: Stahl	*Maschine:* Baudouin 6R124SR, 460 PS
	Stromaggregat: 2 Lister Stamford à 42 kVA

Decksplan

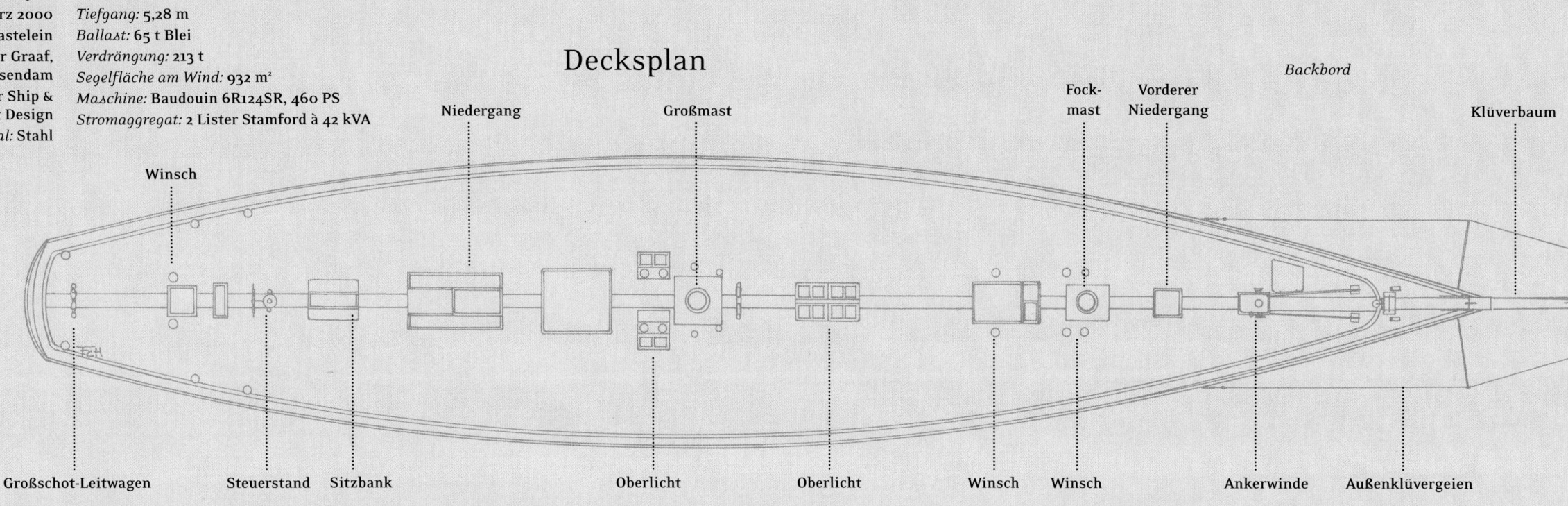

Backbord

Niedergang Großmast Fock-mast Vorderer Niedergang Klüverbaum

Winsch

Großschot-Leitwagen Steuerstand Sitzbank Oberlicht Oberlicht Winsch Winsch Ankerwinde Außenklüvergeien

Steuerbord

Einrichtungsplan

Eignerkammer Bad Doppel-kammer Toilette Doppelkammer Salon Skipperkammer Toiletten Mannschaftskammern

Kartentisch Kammer Toilette Doppelkammer Kombüse Mannschafts-messe Wasch-küche

Linienriss

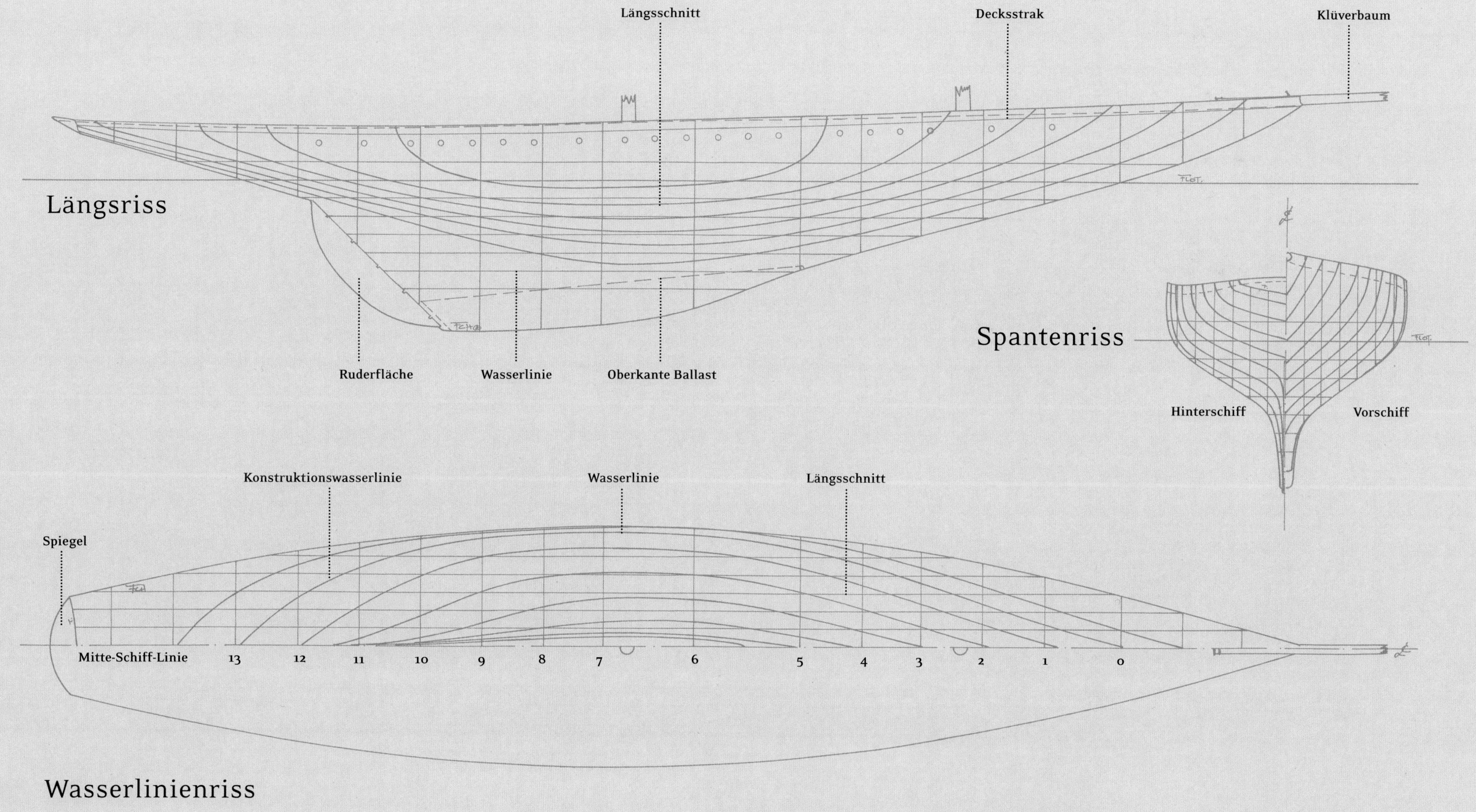

Längsschnitt   Decksstrak   Klüverbaum

Längsriss

Ruderfläche   Wasserlinie   Oberkante Ballast

Spantenriss

Hinterschiff   Vorschiff

Konstruktionswasserlinie   Wasserlinie   Längsschnitt

Spiegel

Mitte-Schiff-Linie   13   12   11   10   9   8   7   6   5   4   3   2   1   0

Wasserlinienriss

Lulworth

Welchem Segler kommt nicht der Name *Lulworth* in den Sinn, wenn er in der Nähe von Southampton das Flüsschen Hamble hinauffährt. So ging es auch jenen, die den legendären Gaffelkutter der Grande Classe in den späten 1980er-Jahren im Uferschlick entdeckten, wo seine Eignerin Rene Lucas ihren Lebensabend verbrachte. Niemand hätte sich damals träumen lassen, dass der Klassiker aus den 1920er-Jahren jemals wieder in Saint-Tropez an den Start gehen könnte. Das glückliche Wiedersehen glich einer Entdeckung voller nostalgischer Offenbarungen, denn als die Besitzerin zu einer Besichtigung und einem Tee lud, zeigte sich, was der Aquarellmaler Marc P. G. Berthier in einer der ersten Ausgaben der Zeitschrift »Voiles et Voiliers« so formulierte: »Seit die *Lulworth* ihre letzte Wende gefahren und sich nun am Ufer des Hamble zur Ruhe gesetzt hat, ist das Interieur unverändert geblieben. Wer wollte da glauben, die Yacht könne wieder flottgemacht werden?!«

Die *Lulworth* hat bei ihrer Restaurierung 2006 ihr ursprüngliches Rigg von 1928 mit dem sehr langen Mast zurückerhalten.

Die *Lulworth* trug beim Stapellauf den Namen *Terpsichore* nach der griechischen Muse des Tanzes und Gesanges. Der riesige Rennkutter, für Richard H. Lee aus Torquai von Herbert W. White gezeichnet, bei White Brothers in Southampton gebaut und im Frühjahr 1920 vom Stapel gelaufen, sollte damals gegen die Big-Class-Konkurrentin *Britannia*, die 1919 erneut auf den Regattabahnen erschienen war, sowie gegen die 23-m-R-Yacht *Shamrock* antreten. Die *Terpsichore* aber erwies sich als eher glücklos, und obwohl Skipper Frederick Morse und seine Crew sich schwer ins Zeug legten, blieben die Regattaergebnisse enttäuschend. Seinen Bestleuten, den Brüdern Sam und Dan Cozens, hat Morse das offensichtlich nicht übel genommen, schließlich verheiratete er 1925 seine Tochter mit dem Sohn von Sam. Die Koordinationsprobleme an Bord blieben allerdings unverkennbar. So hatte die *Terpsichore* einmal kurz vor der Ziellinie der *Nyria*, einem für Elizabeth Workman Russel gebauten Riesenrennkutter aus dem Jahre 1906, die Vorfahrt genommen und war in Führung gegangen. Später wurde Protest eingelegt und dem Kutter von Mr. Lee der erste Platz aberkannt ...

Eigner und Skipper aber machten vor allem das unausgeglichene Segelverhalten und die mangelhafte Manövrierbarkeit der Yacht verantwortlich für die Misserfolge. Auch 1921 sollte sie bei 13 Starts nur zwei erste, zwei zweite und einen dritten Platz einfahren. Im selben Jahr beauftragte Frau Workman Charles E. Nicholson, das Rigg der *Nyria* zu modernisieren, woraufhin das Schiff eine Marconitakelung, also einen hohen Mast ohne Stenge mit einem dreieckigen Großsegel, erhielt. Die anderen Schiffe der Big Class blieben zunächst gaffelgetakelt, während sich Nicholson zum Experten für die Hochtakelung aufschwang und diese noch beim Entwurf der letzten J-Class-Yacht, der *Endeavour*, favorisierte. Die Saison 1922 wurde für Eigner Lee etwas erfreulicher, denn mit der neuen Segelgarderobe gewann die *Terpsichore* drei von sechs Wettfahrten, 1923 – da hatte der Kutter bereits eine Korrektur des Decksplanes und der Segelaufteilung hinter sich – waren es mit dem Bootsmannsmaat Tom Diaper drei Siege und zwei zweite Plätze bei insgesamt 14 Wettfahrten. Der große Erfolg aber blieb der *Terpsichore* verwehrt. Und da Lee im Winter bei der Jagd einen Schlaganfall erlitt und an dessen Folgen verstarb, musste bald ein neuer Eigner gefunden werden.

Glauben wir dem Lokalblatt »Torquai Times«, so ging die *Terpsichore* für gerade einmal 15 Prozent der Summe, die Lee bezahlt hatte, an Herbert Weld. Nun war die Familie Weld in der Yachtsegelei beileibe nicht unbekannt. Bereits Großvater Joseph Weld (1777–1863) hatte in einem Wasserbecken auf seinem Anwesen Versuche mit Modellyachten durchgeführt und unter anderem Yachten wie die *Arrow* (1823), eine erste *Lulworth* (1828) und die *Alarm* (1830) besessen, die allesamt zu Größen der britischen Segelgeschichte avancierten. Die *Lulworth*, die 1828 noch im King's Cup unterlegen war, konnte ihn ein Jahr später gewinnen, die *Arrow* sowie die *Alarm* hatten 1851 an der legendären Regatta um die Isle of Wight teilgenommen, aus sich der heutige America's Cup entwickelte, und beide Yachten gewannen 1857 derart viele Wettfahrten, dass die Royal Yacht Squadron entschied, alle Yachten zu bestrafen, die im Jahr zuvor bereits einen Preis gewonnen hatten. Als Gründungs-

mitglied eben dieser RYS nahm J. Weld allerdings Einfluss auf die Bestrafung, weshalb er ein Jahr später wiederum alle Preise gewann ...

Aus *Terpsichore* wird *Lulworth*

Im Frühjahr 1924 erhielt die *Terpsichore* den Namen *Lulworth*, denn Herbert Weld wollte die Tradition, die sein Großvater begründet hatte, weiterführen. Er beauftragte Charles Nicholson, die Yacht zu modifizieren, was zur Veränderung von Rigg und Kiel und zur Erhöhung des Ballastanteils führte, und schon ließ der Erfolg nicht mehr auf sich warten: Von den 28 Regatten im Jahre 1925 gewann der große Kutter neun, darunter den King's Cup, und belegte elf Mal den zweiten sowie acht Mal den dritten Platz, wobei er regelmäßig die *Britannia*, den Kutter *White Heather II* und den America's Cup-Herausforderer *Shamrock IV* besiegte.

Eigner Herbert Weld aber kehrte zu seinen archäologischen Expeditionen zurück und verkaufte die *Lulworth* 1926 an Sir Mortimer Singer. Dieser Sohn des gleichnamigen Nähmaschinenherstellers, Pionier nicht nur im Radrennsport, sondern auch als Automobilist und Flieger, setzte die Siegesserie fort und erntete reichlich Lorbeeren mit seiner bemudagetakelten Yacht, von der er sich allerdings trennte, nachdem er 1927 bei Camper & Nicholsons die 23-m-R-Yacht *Astra* hatte auf Stapel legen lassen. Im folgenden Jahr wurde die Flotte der Big Class um die *Cambria* vergrößert, und Alexander Allan Paton, ein Bank- und Versicherungsdirektor, erwarb die *Lulworth*, die sich weiterhin nicht bremsen ließ. Von 1920 bis 1930 nahm sie insgesamt an 247 Regatten teil, von denen sie 59 gewann, darunter 47 in den letzten fünf Jahren.

Ab 1930 weiteten die Amerikaner ihren Einfluss auf dem Solent aus, sodass die Wettfahrten fortan nicht mehr nach der International Rule, sondern nach der 1903 von Nathanael Herreshoff entwickelten Universal Rule berechnet wurden, und im America's Cup setzte sich die J-Class mit Yachten wie der *Endeavour* oder der *Velsheda* durch. Die *Astra* und die *Candida* der 23-m-R-Klasse wurden von Charles Nicholson umgebaut und als »J« vermessen, und selbst die *Britannia* sollte sich eines Tages anpassen. Der Riesenkutter *Lulworth* wurde 1933 von seinem Eigner aus gesundheitlichen Gründen verkauft, doch fand sich niemand, der eine Modernisierung des alten Riggs und der Segelgarderobe noch aus dem Jahre 1926 finanzieren wollte, um auch diese Yacht in die J-Class zu integrieren.

Unbeweglich, aber geschützt

Zwischen 1933 und 1937 gehörte die *Lulworth* Mrs. May A. Beazly, deren Herrenhaus der Werft der White Brothers praktisch gegenüberlag, wo die Yacht fürs Fahrtensegeln zur Ketsch umgerigt wurde. Der Schokoladenfabrikant Paul Bendix übernahm die *Lulworth* 1937 und ließ nicht nur eine neue Segelgarderobe anfertigen, sondern auch einen Sechs-Zylinder-Motor einbauen, um mit der Yacht eine Weltumseglung zu unternehmen.

Auch wenn diese beiden Klassiker rechtwinklig zueinander segeln, so haben sie doch dasselbe Ziel – eine Regattatonne, die im Wind und am Ende der Kreuz liegt (rechte Seite).

Wenn der Wind dann von achtern kommt, wird ein Spinnaker gesetzt. Doch auch dann können die Kurse der Yachten sehr unterschiedlich ausfallen (folgende Doppelseite links)!

An dieser Begegnung zweier berühmter Yachten hätte Eric Tabarly seine wahre Freude gehabt: Vorn liegt seine *Pen Duick*, dahinter *Lulworth* (folgende Doppelseite rechts).

Der Weltkrieg setzte den Plänen ein jähes Ende, und die *Lulworth* wurde zu Camper & Nicholsons überführt. 1943 erfolgte der Verkauf an Norman Hartley aus der Nähe von Manchester, wo sie aufgelegt wurde und bei einem deutschen Luftangriff großen Schaden nahm.

Das Ehepaar Lucas übernahm die alte Yacht 1947, wie es später auch die *Endeavour* vor der Verschrottung retten sollte, und bemühte sich, ihr neues Leben einzuhauchen. Richard S. Clement Lucas war immerhin Sportsmann und hatte bei den Olympischen Spielen 1930 eine Silbermedaille im Rudern gewonnen. Nach einigen Renovierungsarbeiten bei White Brothers, wo die *Lulworth* einst gebaut worden war, übernahmen Rene und Richard Lucas eigenhändig das Überholen des Decks und der Lacke, um das Schiff 1955 in den Uferschlick des Hamble River zu verlegen und fortan an Bord zu leben. Auch als Richard 1968 beim Segeln mit seiner Jolle an einem Herzanfall verstarb, blieb seine Witwe auf der *Lulworth* wohnen und setzte die Instandhaltungsarbeiten fort, um erst 1988 »an Land« zurückzukehren.

Die Yachtberater Collier und Edmiston, die damals für Camper & Nicholsons tätig waren, ließen den Rumpf im Auftrag der neuen Eigentümer, dem Ehepaar Fink-Colombo, zwei Jahre später auf einem Schleppkahn zur Werft Beconcini in La Spezia transportieren. Nach einer Reihe von Intrigen und Ungereimtheiten wurde die mittlerweile entkernte *Lulworth* von der italienischen Justiz beschlagnahmt, während die demontierten Eingeweide in einem Container auf dem Werftgelände vor sich hin rotteten.

Ein Märchen wird wahr

Da sich die Eigner mit diesem unüberschaubaren Projekt finanziell ruiniert hatten, musste nach einer guten Fee Ausschau gehalten werden, die sich schließlich in der Gestalt des Giuseppe Longo fand. Der italienisch-englische Zimmermannsmeister war zu jenem Zeitpunkt mit den Restaurationsarbeiten an dem 1939 bei de Vries in Holland gebauten, knapp 35 Meter langen Segler *Iduna* betraut, für die er im Auftrag von Johan J. M. van den Bruele in Viareggio in der Nähe von Pisa eine Gruppe kompetenter und passionierter Handwerker zusammengeführt hatte.

Johan hatte gerade erst seine Leidenschaft für Segelyachten entdeckt, während er als Retter und Restaurator zahlreicher alter Gebäude, unter anderem eines Klosters aus dem 14. Jahrhundert, schon zuvor erfolgreich gewesen war. Eines schönen Tages jedenfalls nahm ihn Guiseppe mit auf die Beconcini-Werft, wo die beklagenswerte *Lulworth* ausgeweidet und ohne Deck ihr Leben fristete. Beim Anblick des imposanten Rumpfes muss Johan seine Berufung, aber auch seine Chance erkannt haben: Nachdem er eine holländische Perle saniert hatte, würde er nun eine weitere Yacht retten können, die zu den schönsten der Welt zählte, und mit diesem größten jemals restaurierten Gaffelkutter der Big Class auf Regatten triumphieren!

Nach ausufernden Verhandlungen bekamen Johan und Guiseppe schließlich den Rumpf der *Lulworth* zugesprochen und damit die Gelegenheit, die endlose

Trotz der 1330 m² Segelfläche vor dem Wind bleibt das Kielwasser der *Lulworth* absolut ruhig (links).

Im Vergleich zu der immensen Segelfläche wirkt der Vorschiffsmann auf dem Klüverbaum wie ein Zwerg (rechte Seite).

Unter der Plakette auf dem Steuerrad war einst der erste Name der Yacht – *Terpsichore* – eingraviert.
Das Setzen und Legen der riesigen Segel will gelernt sein.
Die Klüse aus dem Jahre 1920 ist noch original erhalten, und der heutige Name des Schiffes ist bereits Legende.

Auch das Reffen erfordert gut koordinierte Handgriffe und bedeutet viel Arbeit (rechte Seite).

Geschichte zu einem guten Ende zu bringen. Im Sommer 2001 erfolgte der Transport der Yacht zur Classic Yacht Darsena-Werft in Viareggio, wo sie Seite an Seite mit der *Iduna* lag. Nun konsultierte man die besten Spezialisten und trug von überall Dokumente zusammen, um die Restauration des Schiffes mit größtmöglicher Originaltreue voranzutreiben. Auch nahm man Kontakt mit den früheren Eignern oder deren Nachkommen auf und konsultierte sowohl das Archiv des National Maritime Museum als auch das des Lloyd's Register in London.

Natürlich stellte sich heraus, dass die letzten 50 Jahre nicht spurlos an dem Rumpf vorübergegangen waren: Da hatte das Schiff zunächst 40 Jahre im Schlick gelegen und war ständig der Tide ausgesetzt gewesen, dann verbrachte es die nächsten Jahre unter der glühenden Sonne Italiens. Also wurde der Zustand der Struktur minutiös aufgenommen und jede Form, etwa die der Spanten, mit der Originalzeichnung verglichen, um das Ausmaß der Beschädigungen zu ermitteln und ein Konzept für die Restaurierung zu entwickeln. Zum Erstaunen des leitenden Konstrukteurs Paul Spooner hatte sich der Rumpf jedoch gar nicht so stark verzogen …

Die Sensation des Jahrhunderts

Die *Lulworth* hat die Jahrzehnte offensichtlich wegen ihrer soliden Bauweise von bestem Mahagoni auf Stahl(spanten) überdauern können. Dennoch brauchten die Handwerker acht Monate, um allein die schadhaften Spanten Stück für Stück durch neue zu ersetzen. Dafür wurde jeder Spant chemisch analysiert: War das Bauteil noch genügend belastbar, so wurde dieses erhalten und ausgebessert, bei größeren Schäden aber durch ein gemäß den technischen Möglichkeiten der 1920er-Jahre gefertigtes Ersatzteil ausgetauscht. Dazu musste jeder Spant demontiert und die Bohrlöcher der Nieten sowie die Position der einzelnen Planken kontrolliert werden.

Wie sich zeigte, war die gesamte Außenhaut verrottet. Für die 300 12-Meter-Planken von 20 Zentimeter Breite und sieben Zentimeter Dicke benötigte man 19 Stämme Mahagoni. Jedes einzelne der 9800 Schraublöcher wurde vorgebohrt. Außerdem erhielten die Bronzeschrauben eine Teflonummantelung, um die Korrosion mit den Stahlspanten zu verhindern. Für die Montage der meisten Planken reichten Schraubzwingen, doch einige der Planken mussten zunächst in den Dampfkasten, um formbar gemacht zu werden.

An Deck wie beim Innenausbau galt es, den Geist der Belle Epoque zu erhalten oder wieder herzustellen. So wurde Stefano Faggioni, der schon so manche alte Yacht restauriert hat, mit dem Interior-Design beauftragt. Er ließ ein Maximum der alten Einrichtung reparieren, auch wenn dies zweimal mehr kostete als eine Neuanfertigung, denn nur so war gewährleistet, dass man sich auch wirklich an Bord einer alten Yacht fühlte. Nach Berechnungen von Giuseppe Longo ist etwa 80 Prozent des Innenausbaus erhalten geblieben, bei den Beschlägen an Deck ist gar von 90 Prozent Originalem die Rede. Die Arbeiten zogen sich über fünf Jahre hin, und unterdessen fand sich auch eine ganze Menge Ausrüstungsgegenstände wieder ein, die irgendwann abhanden gekommen waren, wie beispielsweise das Steuerrad, das zwischenzeitlich das Büro von Harry Spencer in Cowes geschmückt hatte. Dieser Spencer war es natürlich auch, der sich zusammen mit Gerry Dijkstra um die Takelage der *Lulworth* kümmerte und gemäß der Segel aus dem erfolgreichsten Jahr 1926 eine neue Garderobe entwarf.

Am Valentinstag 2006 verließ schließlich eine strahlende *Lulworth* das Trockendock von Viareggio. Und glaubt man den Worten von Johan van den Bruele, dann wird die Yacht auch noch in 100 Jahren segeln!

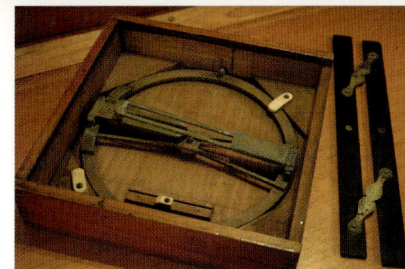

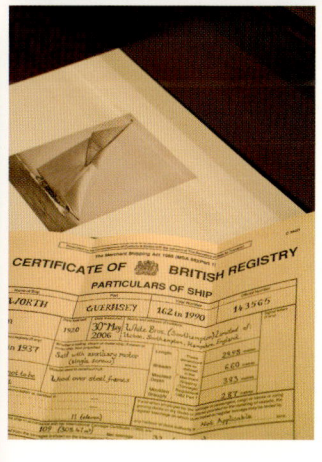

Der Zieldurchgang vor
Saint-Tropez ist immer
ein ehrwürdiger Augen-
blick – für die Zuschauer
an Land ebenso wie für
die Mannschaft an Deck
(linke Seite).

Stefano Faggioni hat jedes
Detail dieser originalgetreuen
Restauration bestimmt. Das
verarbeitete Zypressenholz
verströmt einen ganz
besonderen Duft.

Technische Daten

Name: *Lulworth*
Konstrukteur: Herbert W. White
Werft: White Brothers, Southampton
Takelung: Gaffelkutter
Stapellauf: 1920
Erster Eigner: Richard H. Lee
Erster Name: *Terpsichore*
Restaurierung: 2006
Werft der Restaurierung: Classic Yacht Darsena, Viareggio
Verantwortlicher Konstrukteur der Restaurierung: Paul Spooner, Studio Faggioni
Bauweise: Kompositbau, Mahagoni auf Stahl

Lüa: 46,30 m
LüD: 36,87 m
LWL: 24,60 m
Breite: 7,20 m
Tiefgang: 5,20 m
Ballast: 78 t
Verdrängung: 188 t
Segelfläche am Wind: 828 m²
Maschine: 380-PS-Yanmar
Stromaggregat: Northern Lights, 16 kVA

Decksplan

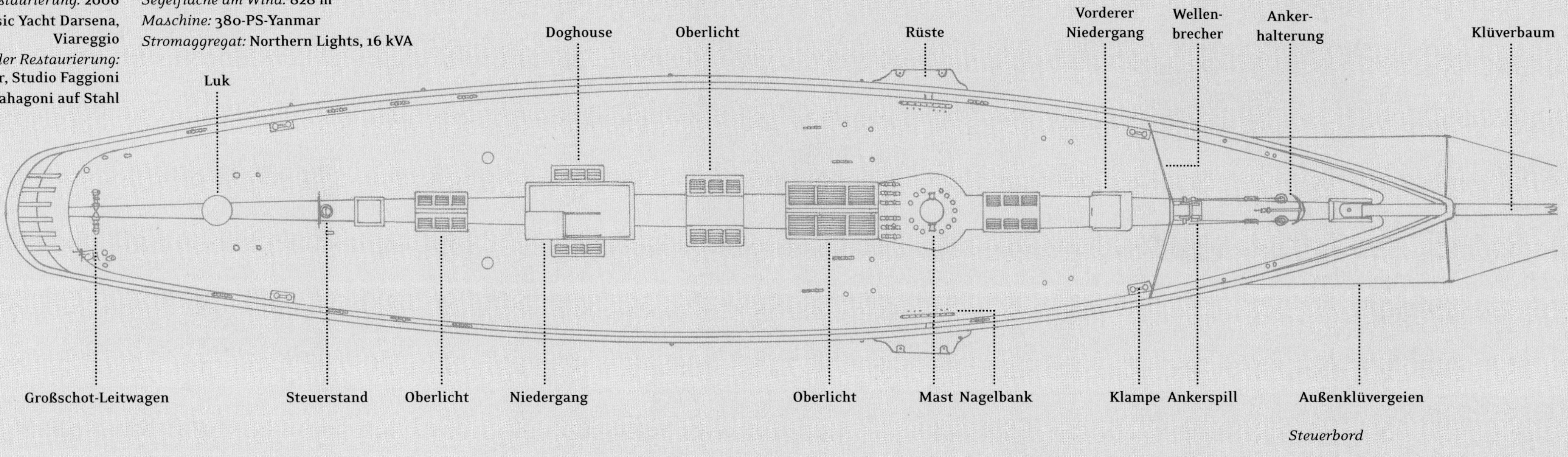

Backbord

Doghouse — Oberlicht — Rüste — Vorderer Niedergang — Wellenbrecher — Ankerhalterung — Klüverbaum

Luk

Großschot-Leitwagen — Steuerstand — Oberlicht — Niedergang — Oberlicht — Mast Nagelbank — Klampe — Ankerspill — Außenklüvergeien

Steuerbord

Einrichtungsplan

Toiletten — Gästekammer — Salon — Pantry

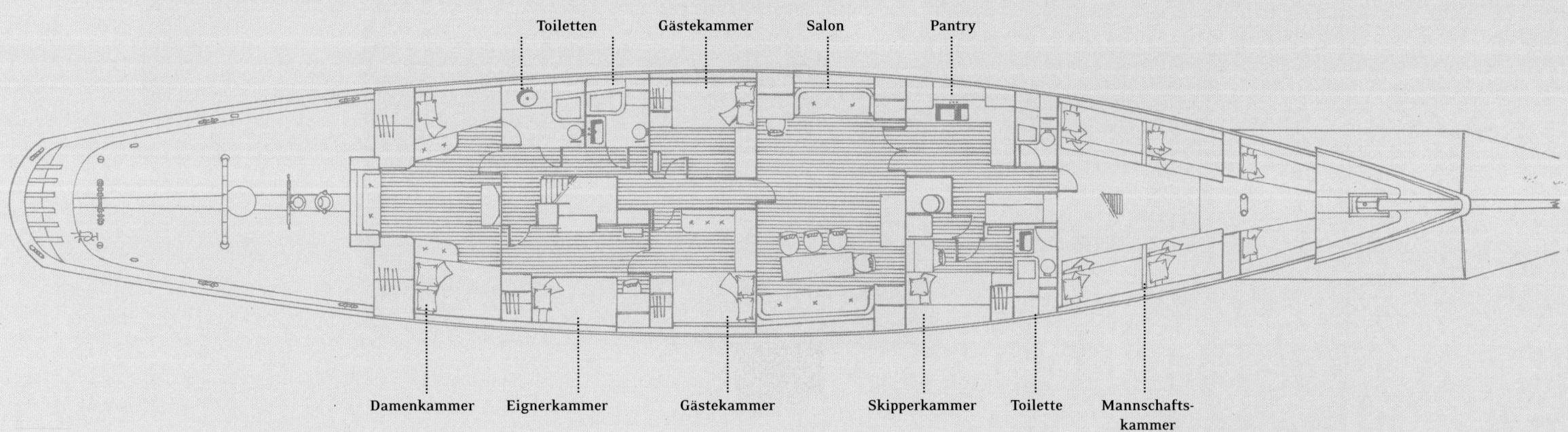

Damenkammer — Eignerkammer — Gästekammer — Skipperkammer — Toilette — Mannschaftskammer

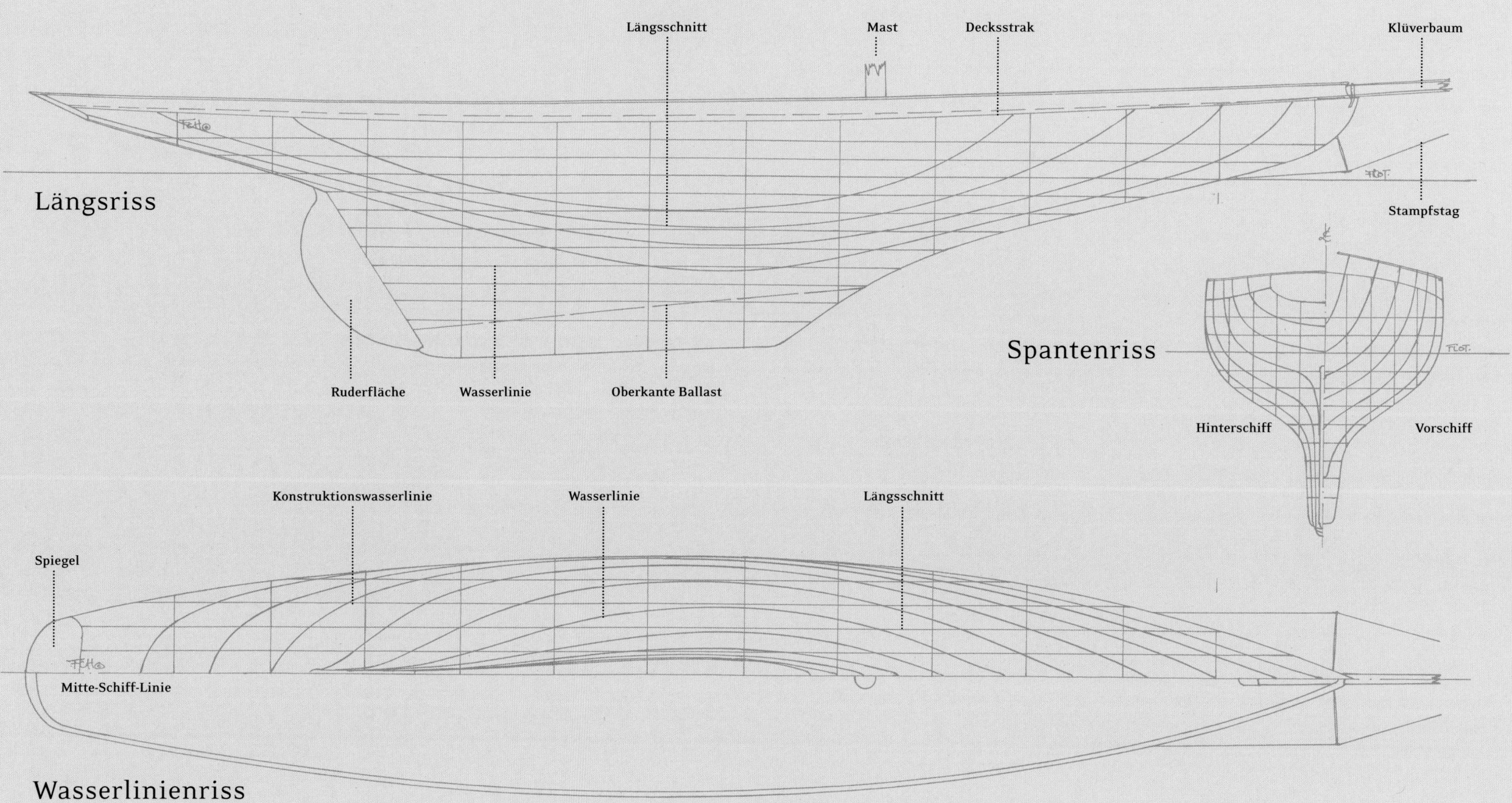

Linienriss

Längsriss

Längsschnitt · Mast · Decksstrak · Klüverbaum

Stampfstag

Ruderfläche · Wasserlinie · Oberkante Ballast

Spantenriss

Hinterschiff · Vorschiff

Konstruktionswasserlinie · Wasserlinie · Längsschnitt

Spiegel

Mitte-Schiff-Linie

Wasserlinienriss

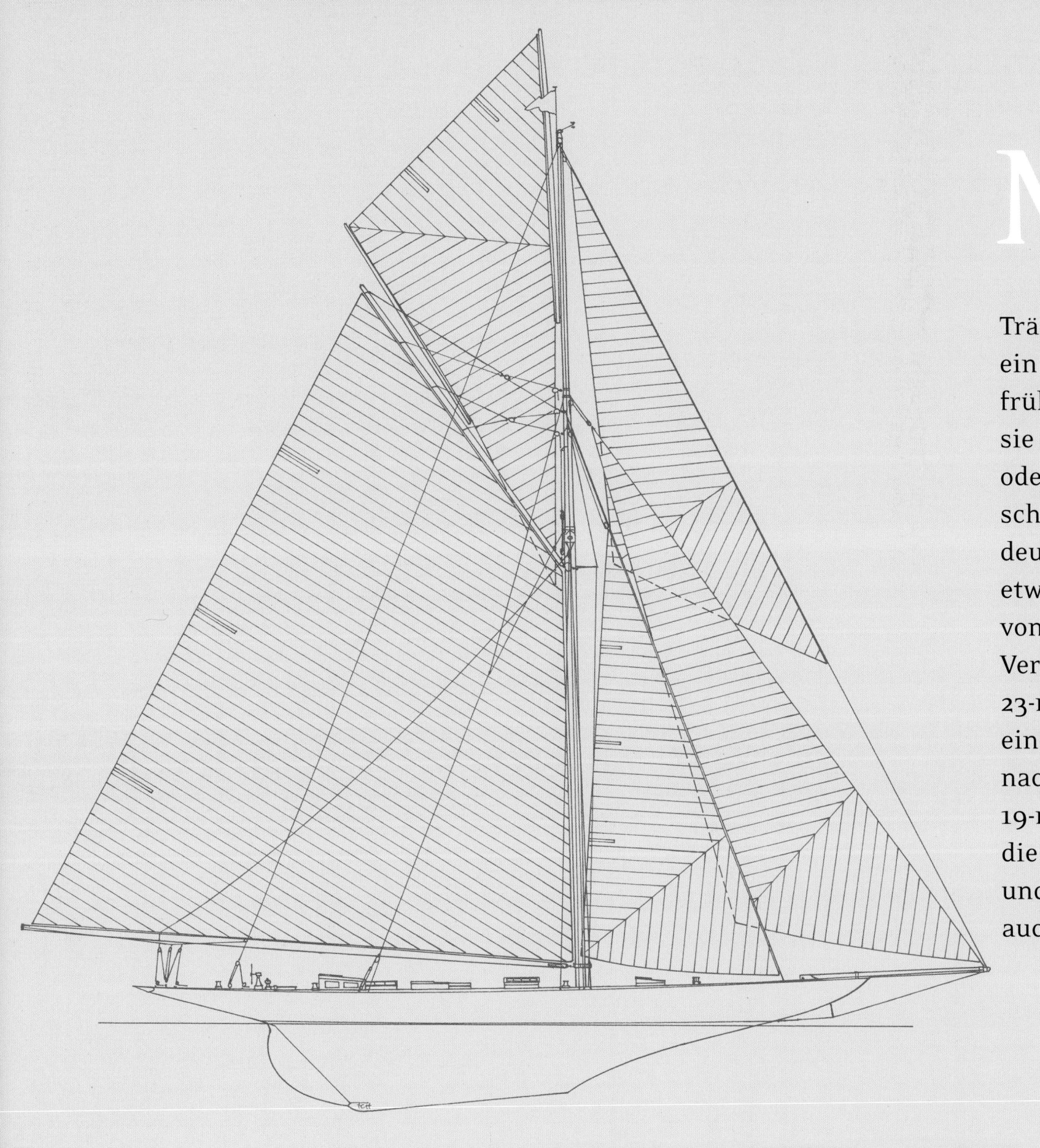

Mariquita

Träumt nicht jeder Eigner von einem Schiff, das ein bisschen größer ist als das eigene? Einige der früheren Eigner von 15-m-R-Yachten meinten, sie verfügten unter Deck über zu wenig Platz, oder sie hätten es beim Segeln auf dem schottischen Fluss Clyde, in Spanien oder auf der deutschen Ost- und Nordsee auch an Deck gern etwas komfortabler. In der International Rule von 1906 zählte man nicht weniger als neun Vermessungsklassen vom Fünfer bis zum 23-m-R-Schiff, doch ab Sommer 1911 sollte noch eine weitere hinzukommen. Bereits zu Weihnachten 1910 waren vier Schiffe der zukünftigen 19-m-R-Klasse geordert, darunter die *Mariquita*, die heute wieder segelt wie in ihren ersten Tagen und ein beredtes Beispiel für die rasante, wenn auch kurzlebige Serie bietet.

Die 1911 von W. Fife konstruierte *Mariquita* mit dem Segelzeichen C1 ist die erste von insgesamt sechs Yachten der 19-m-R-Klasse. Die weiteren waren *Corona* (Fife, 1911), *Octavia* (A. Mylne, 1911), *Norada* (C & N, 1911), *Cecilie* (M. Oertz, 1913) und *Ellinor* (G. Borg, 1913).

Die Eigner der ersten vier Yachten der 19-m-R-Klasse galten als absolute Kenner ihrer Materie, die im Regattageschäft mitmischten und die Big Class allein aus Kostengründen mieden. Ein Neunzehner mit einer Rumpflänge von 28 bis 30 Metern war in der Anschaffung nur wenig teurer als ein Fünfzehner, kostete aber nur halb so viel wie eine 23-m-R-Yacht. Und statt einer gut 20-köpfigen Mannschaft nebst Kapitän und Bootsmann benötigte man auf einer 19-m-R-Yacht nur etwa halb so viele Leute.

A. K. Stother hatte sich in den 90er-Jahren des 19. Jahrhunderts einige Fahrtenyachten bauen lassen. Im Jahre 1900 bestellte er bei Frederick Shepherd die Yawl *Nebula*, die bei White Brothers in Southampton gebaut wurde, vier Jahre später ließ er sich von William Fife die Yawl *Rosamond* konstruieren, mit der er bis 1907 an Regatten teilnahm. Für die folgende Saison orderte er bei William Fife & Sons die 15-m-R-Yacht *Mariska*, und im Herbst 1910 war er der Erste, der bei derselben Werft ein Schiff der 19-m-R-Klasse bestellte, die er *Mariquita* taufte.

Der Regattasegler William P. Burton aus Suffolk, der in nicht weniger als zehn Segelvereinen Mitglied war und, obwohl er seine Schiffe selbst steuerte, sich umgehend von einem trennte, sobald er ein schnelleres kaufen konnte, hatte in den 1890er-Jahren verschiedene Schiffe besessen, darunter vier 52-Füßer – die Vorläufer der 15-m-R-Yachten – namens *Penitent* (Zeichnung von A. Payne, Baujahr 1896), *Gauntlet* (ebenfalls von Payne, Baujahr 1901), *Lucida* (von Fife, Baujahr 1902) und *Britomart* (A. Mylne, Baujahr 1905), mit denen er in nur vier Jahren 97 Preise ersegelte. In den Jahren 1909 und 1910 dominierte er die Wettfahrten mit seiner 15-m-R-Yacht *Ostara* – gezeichnet von A. Mylne und bei McAllister in Dumbarton, Schottland, gebaut –, die er zum Ende der Saison an einen Herrn Last verkaufte, um sich ein größeres Schiff zu besorgen: Diese wiederum bei McAllister gebaute 19-m-R-Yacht *Octavia* war auch ein Mylne-Design.

Die Familie des Almeric H. Paget war traditionell mit großen Motor- und Segelyachten vertraut, ohne deswegen die kleineren Regattaschiffe zu verachten. Als Vize-Commodore des Royal Thames YC und Mitglied in weiteren Segelvereinen kaufte Paget von J. Talbot Clifton 1908 die 15-m-R-Yacht *Ma'oona* (A. Mylne, 1906), die er später an die Herren Guest & Gore veräußerte, um zusammen mit Richard Hennessy bei William Fife III für die Saison 1911 die 19-m-R-Yacht *Corona* zu bestellen. Eigner des vierten Schiffes der 19-m-R-Klasse wurde Frederick Milburn, ein ausgewiesener Liebhaber großer Yachten. Mit seinem 1904 von Charles E. Nicholson gezeichneten Schoner *Norlanda* war er komfortabel von einer Wettfahrt zur nächsten gereist. Nun sollte ihm sein Konstrukteur für die Saison 1911 eine Yacht zeichnen, mit der er, wenn er Lust verspürte, an den Wettfahrten auch selbst teilnehmen konnte. Nicholson ließ in das Design der *Norada* seine Erfahrung mit der zwei Jahre zuvor konstruierten 23-m-R-Yacht *Brynhild II* einfließen, und so entwarf er für Milburn eine breitere Yacht mit deutlich mehr Segelfläche, als die anderen 19er trugen, um damit zur Charakteristik des 15ers *Istria* zurückzukehren, den Charles C. Allom im Vorjahr gekauft hatte.

In Folge wanderte so mancher exzellente Steuermann und Skipper in die 19-m-R-Klasse ab, und die Aktivitäten in der Big Class kamen 1911 fast zum Erliegen.

Essex – die Wiege der besten Mannschaften

Stother engagierte für seine *Mariquita* Kapitän Edward Sycamore aus Brightlingsea, Essex, der seine Qualitäten zuvor auf der 23-m-R-Yacht von Sir Thomas Lipton bewiesen hatte. Hennessy und Paget sicherten sich für die Führung ihrer *Corona* Kapitän Stephen Barbrook, der aus Tollesbury stammte, wo 1980 der junge Alex Laird den aufgelegten Kutter *Partridge* auftreiben sollte. Barbrooks Mannschaft bestand aus lauter gut trainierten, regattaerfahrenen Seglern, die allesamt aus der Region um Blackwater kamen. Die *Octavia* wurde, wie gewohnt, weiterhin von ihrem Eigner William P. Burton gesteuert, und an seiner Seite agierte der erfahrene Kapitän Albert Turner aus Wivenhoe. Die *Norada* dagegen wurde von einem regattaunerfahrenen Skipper geführt, der keine Konkurrenz bedeutete.

Interessanterweise wurden Kapitän und Crew in Abhängigkeit vom Erfolg der Yacht bezahlt. Eine Saison umfasste damals 22 Wochen, und der Lohn wurde jeweils wochenweise ausgehandelt. Im Schnitt verdiente ein Kapitän 150 Pfund Sterling, während ein Obermaat oder Bootsmann, der Koch und der Steward nur ein Viertel und alle weiteren Mannschaftsmitglieder ein Zehntel davon erhielten. Wer allerdings besonderen Gefahren ausgesetzt war, also etwa in den Mast oder beim Wechseln eines Segels auf den Klüverbaum musste, bekam zwei Schillinge Zulage. Für jede gewonnene Wettfahrt gab es ein Pfund Sterling extra, bei Belegung einer der hinteren Plätze wurde der Lohn um immerhin zehn Schilling erhöht. Für Mahlzeiten hatte die Mannschaft im Prinzip selbst zu sorgen, während der Regatten wurde ihr allerdings das Essen bezahlt. Die jährlichen Preisgelder, die sich in guten Jahren auf 1000 Pfund und mehr belaufen konnten, wurden am Ende der Saison unter der Mannschaft aufgeteilt. Die Yachtzeitschriften veröffentlichten derweil Aufstellungen der ersegelten Preise und Gelder aller maßgeblichen Schiffe. Am Ende der Saison ging die Mannschaft dann von Bord der für die Dauer des Winters aufgelegten Yachten, und die Männer nahmen in ihrer eigentlichen Heimat ihre alten Berufe – meist waren es Fischer – wieder auf.

Die geschäftige erste Saison

Die Regattasaison begann Ende Mai, doch wurden die Yachten meist schon im April zu Wasser gelassen. Im Mai 1911 lief auch die *Mariquita* bei William Fife & Sons in Fairlie vom Stapel, wobei man wegen des Tiefganges äußerste Vorsicht walten ließ und das Riggen des Mastes Clyde-aufwärts zu Gourock nahe Glasgow verlegte, wo Liegeplätze für große Segelyachten vorhanden waren.

Auch die *Corona* stammte aus demselben Jahr von derselben Werft, die *Octavia* wurde am anderen Clyde-Ufer in Dumbarton getauft. Als letzte Yacht der Saison kam die erst spät im Vorjahr georderte *Norada* Mitte Mai in Gosport bei Camper &

Vor dem Wind nutzt die Yacht ihre ganze Segelfläche, nur die Fock wird von den geblähten Tüchern abgedeckt. Das Kielwasser zeugt von der rasanten Fahrt (linke Seite).

Sobald der Wind auffrischt, die See peitscht und die Gischt fliegt, muss an Deck alles gelascht werden, und eine beschauliche Lustfahrt wird schnell zu handfester Seefahrt (folgende Doppelseite).

Nicholsons zu Wasser. Zum Ausgleich konnte bereits neun Minuten, nachdem die Yacht ins Wasser eingetaucht war, ihr Mast gestellt werden, sodass sich die *Norada* bereits Ende des Monats zu den anderen 19-m-R-Yachten auf den Regattaparcours gesellen konnte.

Die erste Wettfahrt, ausgetragen vom Royal Thames Yacht Club, fand am 27. Mai 1911 zwischen Harwich und Essex in der Themsemündung statt, wo sich die Kapitäne und Mannschaften sämtlicher Yachten zu Hause fühlten, weil sie mit der Küstenlinie, den Untiefen und den Strömungen bestens vertraut waren. Die drei Schiffe, deren großem C im Großsegel eine Nummer folgte, trafen auf Ostwind. Die *Mariquita* (C1) siegte und benötigte für die Regattastrecke fünf Stunden, 37 Minuten und zwölf Sekunden, die *Corona* (C3) brauchte vier Minuten und zehn Sekunden länger und wurde Zweite, die *Octavia* (C2) erreichte das Ziel noch eine Minute später und war damit Letzte.

Bei den am folgenden Montag und Dienstag ausgetragenen Wettfahrten des Royal Harwich Yacht Club glänzte *Mariquita* erneut als siegreiche Yacht. Am 5. Juni, bei der Regatta des Orwell Corinthian Yacht Club, siegte dagegen die *Corona* vor der *Octavia*, während die *Mariquita* aufgab. Zwei Tage später sollte sich Charles Nicholson am Ruder der *Norada* (C4) bei einer weiteren Wettfahrt des Royal Thames Yacht Club mit den drei 19ern messen, doch die *Corona* konnte wegen eines Ruderschadens nicht einmal die Startlinie queren, und *Mariquita* und *Octavia* kamen vor *Norada* ins Ziel. Die Regatta vom Essex Yacht Club am 8. Juni gewann *Octavia*, und *Norada* wurde wiederum Letzte. Dennoch blieb Charles Nicholson von den Qualitäten der *Norada* überzeugt, und mehrfach konnte die Yacht ihre Konkurrenz einholen, bis ihre Mannschaft irgendein Manöver verpatzte und die Gegner wiederum nichts zu fürchten hatten. Am nächsten Tag allerdings sollte die *Norada* dann doch siegen, und zwar bei der vom RTYC organisierten Wettfahrt von der Themsemündung bis nach Dover.

Die folgenden Regatten fanden vor Cork, also vor der Südküste Irlands statt. Am 16. sowie 19. Juni konnte die *Octavia* gewinnen, am zweiten Wettfahrttag war *Mariquita* siegreich. Das 50-Meilen-Rennen des King's Cup vom Royal Irish Yacht Club, gesegelt am 21. und 22. des Monats, gewann wiederum *Octavia*. Zwei Tage später, während der Regatten des Royal Ulster Yacht Club, schied die *Octavia* wegen einer Kollision mit der *Mariquita* aus, *Corona* musste wegen Ruderproblemen aufgeben, und an Bord der *Norada* beklagte man gewisse Schwierigkeiten mit der Mannschaft.

Die (großen) Pokalregatten

Die nächsten Wettfahrten fanden am schottischen River Clyde statt. Charles Nicholson hatte Frederick Milburn überzeugen können, Alfred Diaper als Kapitän anzuheuern, der für seine Erfolge in der Big Class berühmt war und seine eigenen erfahrenen Leute mitbrachte. So wurde der Kampf zwischen den vier 19-m-R-Yachten doch noch sehr spannend. Den Sieg im King's Cup des Royal Northern Yacht Club, einer im Rechteck ausgelegten 30-Meilen-Wettfahrt, sicherte sich die *Corona* in drei Stun-

Bei allen Manövern des großen Toppsegels wird ein Mann in den Mast geschickt. Auf Regatten hat er zusätzlich die Aufgabe, etwaige Brisenstriche anzusagen (links.

Bei achterlichen Winden werden die Segel mithilfe ihrer Bäume nahezu rechtwinklig zum Rumpf gestellt, sodass die Segelfläche im Vergleich zum schlanken Rumpf riesig wirkt (rechte Seite).

Das Bedienen der Backstagen während der Halse ist immer eine heikle Angelegenheit (oben).

Während der Wettfahrt setzt die Crew auch ihr eigenes Gewicht für den Sieg ein. Bei leichter Brise wird nach Lee getrimmt, und wehe, der Skipper erwischt jemanden, der da nicht mitmacht (linke Seite).

Die ungenutzten Segel fest gezurrt, die gesamte Mannschaft an Deck, die Yacht in zügelloser Fahrt: Das ist Regattasegeln (rechts)!

den, 19 Minuten und 20 Sekunden. Zwei Tage später war die *Norada* vor der *Octavia* und der *Mariquita* erfolgreich, danach gewann die *Mariquita* eine Regatta des Royal Western Yacht Club und die *Octavia* die folgende des Clyde Corinthian YC. Bevor es für die Yachten Ende Juli nach Cowes ging, kämpften die vier 19er vor Falmouth und Dover. Die Wettfahrt Dover – Boulogne konnte *Corona* gewinnen, auf den internationalen Regatten vor Le Havre dominierte dagegen *Octavia*.

Im Solent sollten später und anlässlich der Krönungsfeierlichkeiten von König Georg V. und Königin Mary Kriegsschiffe und Yachten unterschiedlichster Bauart und Größe zusammenkommen, darunter Regattayachten aus ganz Europa. Mit dem Pokal des deutschen Kaisers und dem Irish Cup gewann *Norada* die beiden begehrtesten Trophäen der Saison. Am ersten Tag der Wettfahrten der Royal Yacht Squadron siegte *Corona*, am zweiten *Mariquita*, am vierten *Norada* und am fünften *Octavia*. Diese sollte ein paar Tage danach auch die Regatta des Royal Victoria YC gewinnen. Bei den folgenden Internationalen Regatten vom 7. und 8. August triumphierte *Norada*, am 10. und 11. August auf den Wettfahrten des Royal Albert YC war es die *Mariquita*, während die *Corona* später die Preise des Royal Southampton YC absahnte. So ging es weiter bis Ende des Monats …

Am Saisonende lautete die Bilanz wie folgt: *Octavia* ging 46-mal an den Start und ersegelte 15 Siege und 16 zweite Plätze, ihr folgte *Mariquita* mit 45 Starts, 12 ersten und 7 zweiten Rängen, danach kam *Corona*, die bei 44 Läufen 10 Siege und 10 zweite Plätze verzeichnete, während *Norada* auf 38 Starts, 9 Siege und 11 zweite Plätze kam.

Das Ende der Klasse

Die Ergebnisse der Saison 1912 sollten anders ausfallen, aber schließlich hatte es auch beim Personal einige Änderungen gegeben: Kapitän Sycamore wechselte auf die *Shamrock* und überließ seinen Job auf der *Mariquita* einem gewissen Robert Wringe, der zuvor während des America's Cup Bestmann auf der *Shamrock* und der *Shamrock III* gewesen war. Kapitän Diaper verließ *Norada* und wurde durch den Amateur Charles MacIver ersetzt.

Das Regattageschehen begann 1912 im Monat Juni mit der Kieler Woche, wo man sich von den englischen Neunzehnern sehr beeindruckt zeigte, und die *Octavia* sollte während der zehn Tage die meisten Preise einheimsen. Danach ging es zum schottischen River Clyde, wo die kleine Flotte bei einem Sturm Seetauglichkeit und Seemannschaft hätte beweisen sollen, doch *Corona* und *Octavia* erlitten Mastbruch, und *Norada* und *Corona* beendeten die Saison nach nur 17 Wettfahrten.

Für die *Mariquita* endete die Saison mit 18 Siegen bei 36 Starts, die *Octavia* kam auf 34 Starts und 15 erste Plätze und wurde an den deutschen Grafen von Tiele-Winckler verkauft, der sie *Wendula* taufte. Die *Wendula* sollte später gegen die von Major von Stumm georderte 19-m-R-Yacht *Cecilie* (C3, Konstrukteur Max Oertz) und die 30 Meter lange *Ellinor* (C2, Konstrukteur Gerhard Borg, Rostock) von Julius von Waldthausen segeln.

1913 wurde in Deutschland eine betriebsame Saison, in England dagegen segelte *Mariquita* nun nur noch gegen *Norada,* und am Saisonende verzeichnete sie 17, die

Die *Mariquita* muss leider abfallen und um das Heck des Gegners herumsegeln, denn der Schoner *Orion* steht im Wind und ist manövrierunfähig (links oben).

Links eine Großaufnahme des Steuerrades, rechts eine Originalanzeige für die Stellung des Steuerrades, unten der frisch bemalte Rettungsring (oben).

Die wahre Potenz dieser Regattayacht zeigt sich vor allem bei frischer Brise. Dann muss wirklich jeder Handgriff sitzen (rechte Seite).

In der Vorbereitung eines Manövers hat jedes Mitglied der Crew eine feste Aufgabe. Da sollte man lieber nicht ausrutschen, denn eine Reling hat diese Yacht nicht (linke Seite).

Norada 16 Regattasiege. Während des Ersten Weltkrieges wurde die *Mariquita* an den Norweger Finn Bugge verkauft und in *Maud IV* umbenannt, kam aber nach Kriegsende in die alte Heimat zurück und erhielt wieder ihren ursprünglichen Namen. 1924 erwarben Sir Edward Iliffe und Alan Messer die Yacht und verkleinerten die Segelfläche, um gegen die alte Konkurrentin *Norada* anzutreten, die mittlerweile ein Hochrigg erhalten hatte. Später übernahm Alan Messer die Anteile seines Partners und widmete sich dem Fahrtensegeln. Noch vor dem Zweiten Weltkrieg wurde die *Mariquita* im Besitz von Arthur Hempstead ihres Riggs und des Ballastes beraubt und als Hausboot genutzt. Es folgten wechselnde Liegeplätze, ohne dass der Rumpf für längere Zeit sein Schlickbett verlassen hätte, bis William Collier, der für Albert Obrist arbeitete, die Yacht wiederentdeckte und sie 1991 zwecks Renovierungsarbeiten zur Werft Fairlie Restorations bringen ließ.

Die unter Aufsicht von Walter Duncan wieder in den Originalzustand versetzte Yacht segelt heute wie in ihren ersten Tagen und wartet auf einen Käufer.

Auf reinen Regattayachten sind die Innenverkleidungen oft nicht aus Holzpaneelen, sondern zwecks Gewichtsersparnis aus Stoff und vorzugsweise aus Seide gefertigt.

Technische Daten

Name: *Mariquita*
Konstrukteur: William Fife III
Rigg: Gaffelkutter
Vermessung: 19-m-R-Yacht
Stapellauf: Mai 1911
Erster Eigner: A. K. Stother
Späterer Name: *Maud IV*
Restaurierung: 2004
Werft der Restaurierung: Farlie Restorations, Hamble
Bauweise: Mahagoni auf Stahl

Lüa: 38 m
LüD: 28,94 m
LWL: 19,15 m
Breite: 5,23 m
Tiefgang: 3,58 m
Ballast: 34 t, Blei
Verdrängung: 77 t
Segelfläche am Wind: 582 m²

Decksplan

Backbord

Winsch · Niedergang zur Eignerkammer · Niedergang · Oberlicht · Winsch · Klampe · Vorderer Niedergang · Klüverbaum

Großschot-Leitwagen · Steuerstand · Winsch · Klampe · Oberlicht · Nagelbank · Mast · Deckslicht · Ankerspill · Außenklüvergeien

Steuerbord

Einrichtungsplan

Toilette · Einzelkammer · Salon · Pantry · Mannschaftskammer

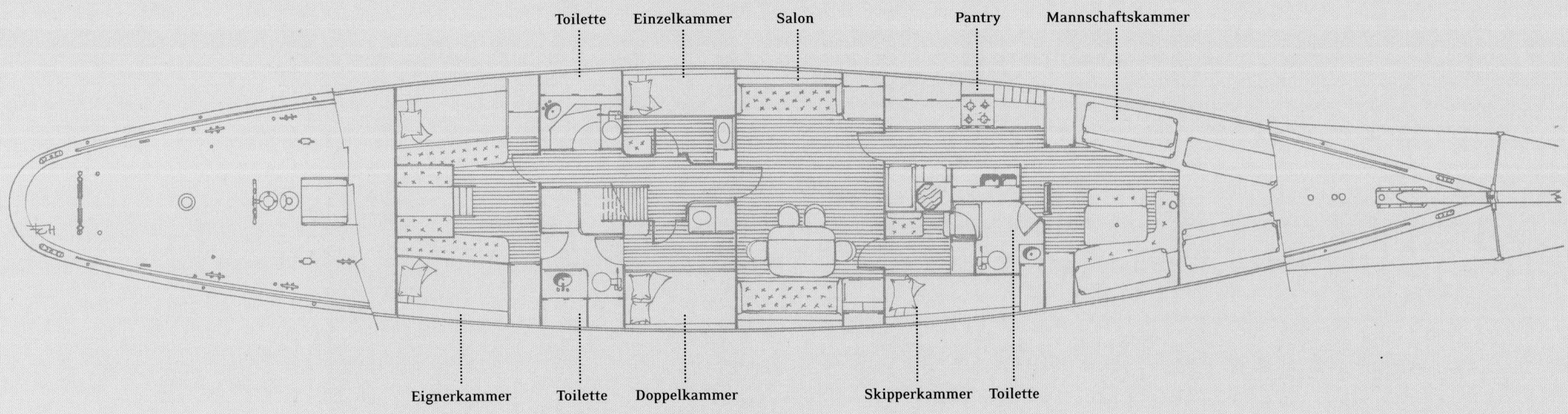

Eignerkammer · Toilette · Doppelkammer · Skipperkammer · Toilette

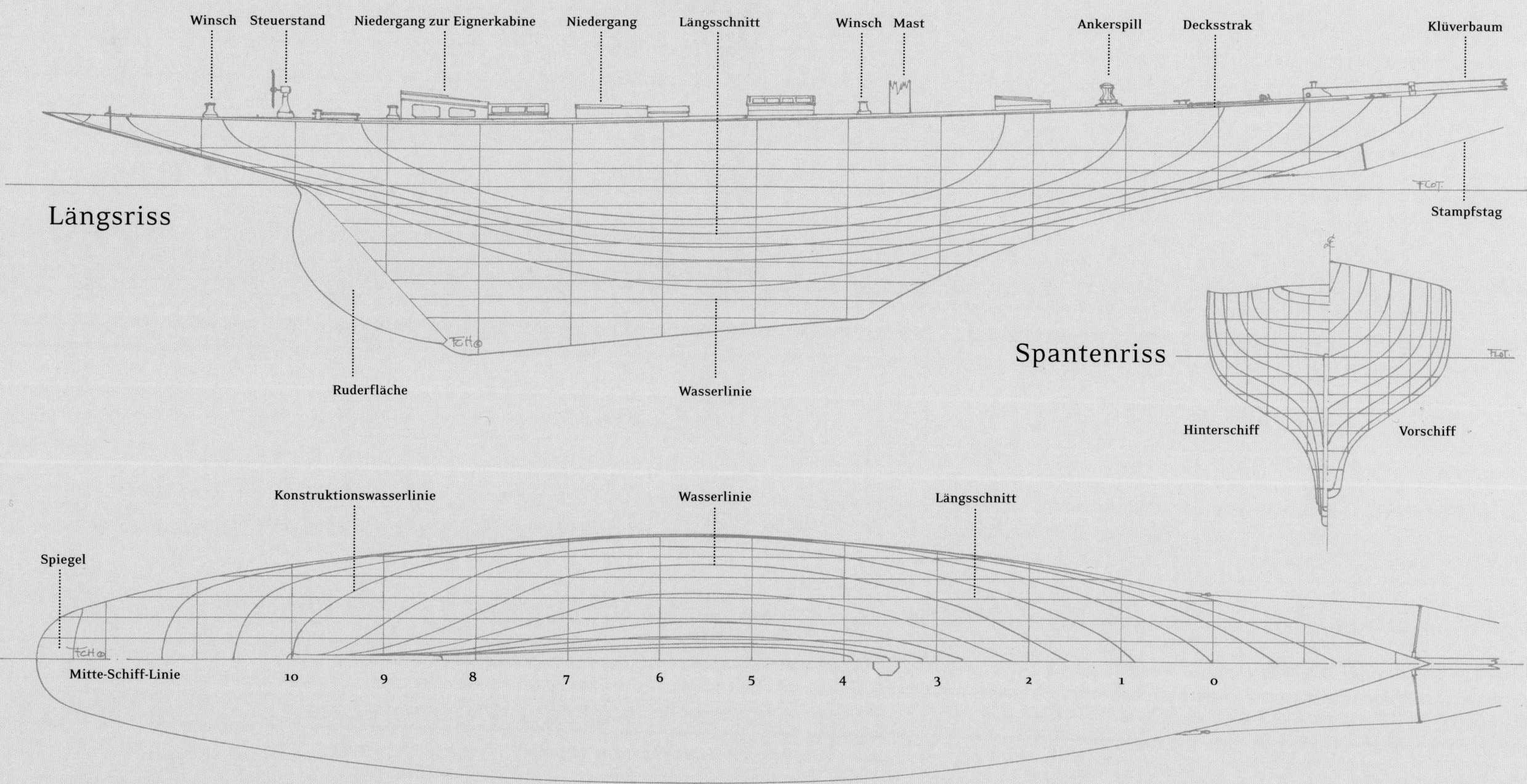

Linienriss

Winsch Steuerstand Niedergang zur Eignerkabine Niedergang Längsschnitt Winsch Mast Ankerspill Decksstrak Klüverbaum

Längsriss

Stampfstag

Ruderfläche Wasserlinie

Spantenriss

Hinterschiff Vorschiff

Konstruktionswasserlinie Wasserlinie Längsschnitt

Spiegel

Mitte-Schiff-Linie 10 9 8 7 6 5 4 3 2 1 0

Wasserlinienriss

Moonbeam IV

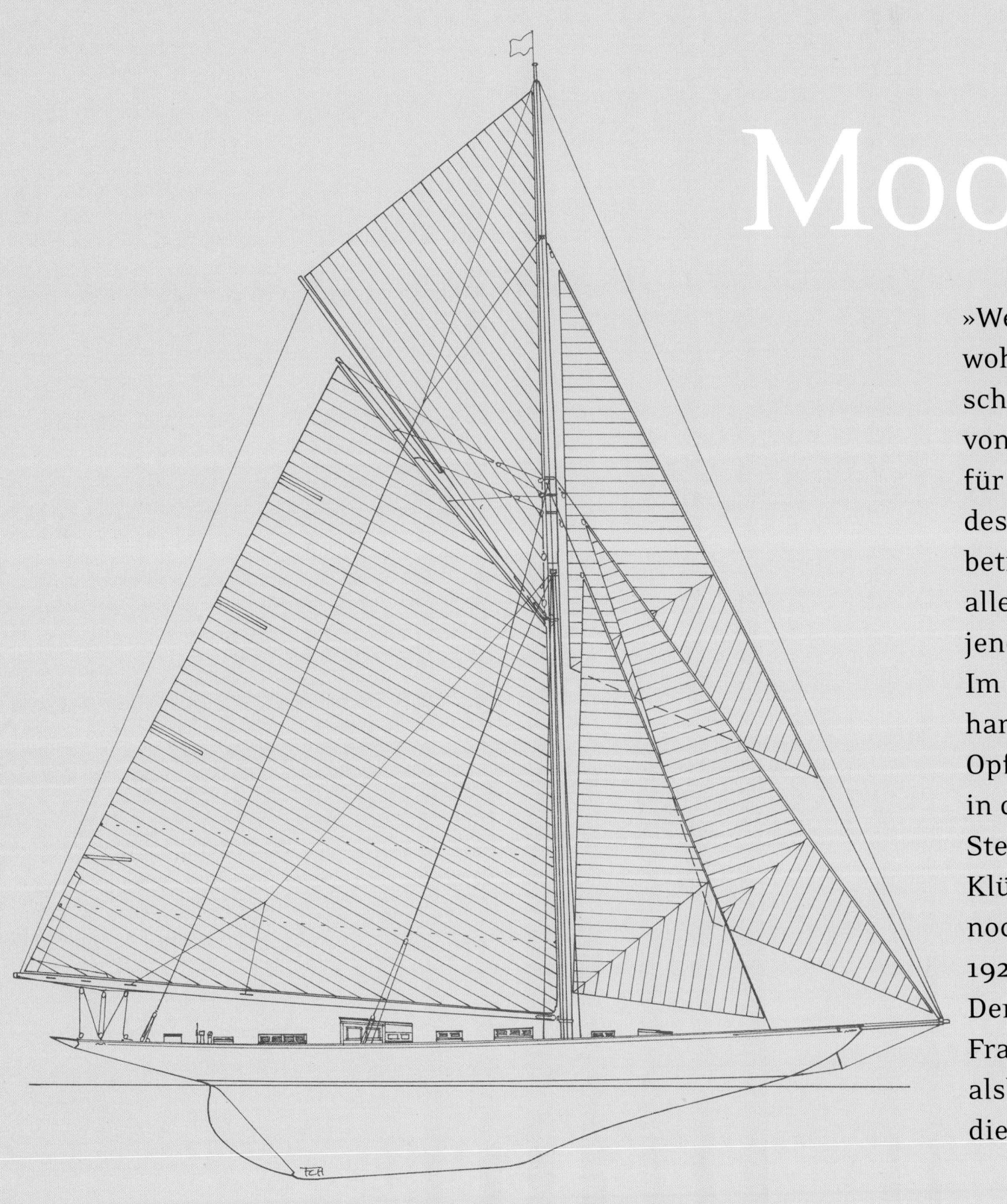

»Weißt du, wer ich bin? Der Mondstrahl. Weißt du, woher ich komme? Schau nach oben!« Der französische Schriftsteller Guy de Maupassant (1850–1893), von dem dieser Gedichtanfang stammt, schwärmte für Segelschiffe, und er liebte es, die Reflexionen des Mondlichtes auf der Wasseroberfläche zu betrachten. Die Geschichte der *Moonbeam*, vor allem der vierten Yacht dieses Namens, ähnelt jener der Erweckung des Dichters.

Im Jahre 1995 war die *Moonbeam IV* längst den harten, rüden Methoden des Charter-Business zum Opfer gefallen. Man hatte der verwahrlosten Yacht in der Ägäis ein riesiges Doghouse, einen weißen Steuerstand und ein zweimastiges Ketschrigg ohne Klüverbaum verpasst, sodass sie kaum jemand noch als Vertreterin der legendären Big Class der 1920er-Jahre zu erkennen vermochte.

Dennoch verliebten sich John Murray und seine Frau Françoise auf Anhieb in das Schiff, und alsbald reifte die fixe Idee, mit der *Moonbeam IV* die Welt zu umsegeln.

Die vierte und größte *Moonbeam* wurde 1914 von William Fife jr. für den Briten Charles Plumtree gezeichnet. Das Schiff lief 1918 vom Stapel.

Nach gut 20 Jahren in den Diensten eines saudischen Prinzen hatten Françoise und John Murray das Bedürfnis, etwas Neues zu erleben. Mauro Mari, der italienische Kapitän der prinzlichen Yacht, nahm die beiden daraufhin mit zum Segeln und vermittelte ihnen seine Leidenschaft für die See. Er und seine Frau besaßen offensichtlich auch die Eigenschaft, den Novizen die Freude an einer besonderen Art der Riskobereitschaft nahezubringen, nämlich der, ein Boot zu kaufen. Bald waren die Murrays »infiziert« und fingen an, nach einer passenden Yacht zu suchen.

Anfang der 1990er-Jahre hatten die klassischen Yachten bereits Hochkonjunktur. Und John hatte sich im Laufe seines Aufenthaltes in den Ländern des »schwarzen Goldes« daran gewöhnt, dass hier alles etwas größer sein musste. So fand er denn die *Moonbeam IV* mit ihren 105 Fuß (32 m) Länge, wie sie in einem englischen Yachtmagazin annonciert wurde, seinen Bedürfnissen durchaus angemessen, zumal in der Anzeige darunter auch die sieben Meter kürzere, frisch renovierte *Moonbeam III* zu einem deutlich höheren Preis angeboten war.

Kapitän Mari begab sich nach Piräus, inspizierte die Yacht und befand sie für im Prinzip gesund und gut ausgerüstet. John Murray folgte ihm und ließ sich im Handumdrehen von dem unverwechselbaren Stil des Schiffes und seiner Eleganz beeindrucken. Der Ästhet hatte sich bereits in ihre Linien und die klassische, größtenteils noch aus den Originaleinbauten bestehende Inneneinrichtung verguckt. Er entschloss sich zum Kauf, wiewohl er weder die glorreiche Vergangenheit seines Schiffes noch das Renommee des Konstrukteurs auch nur ahnte. Als Neuling im Geschäft war ihm damals auch nicht bewusst, welche Arbeit noch auf ihn wartete, um die *Moonbeam IV* in einen wirklich erstklassigen Zustand zu versetzen. Dennoch verholten die neuen Eigentümer die Yacht zwecks einer Generalüberholung nach Antibes zur Werft Tréhard, wo man sie über die historische Bedeutung ihrer Erwerbung aufklärte.

Ein ganzes Geschlecht

Die *Moonbeam IV* war die vierte Yacht eines gewissen Charles Plumtree Johnson gewesen, der 1853 in London als Sohn des Leibarztes von Königin Victoria geboren wurde und später als Anwalt in Glasgow arbeitete. 1893 kaufte er einen 14-Meter-Kutter namens *Moonbeam* (Mondstrahl), der von William Fife II sen. gezeichnet und 1858 auf der Fife-Werft in Fairlie gebaut war. Dieses Schiff hatte etliche Vorbesitzer kennengelernt, darunter P. Roberts, H. S. Holford und W. O. Marshall, und es war im Jahr seines Stapellaufs ein ernst zu nehmender Konkurrent im Regattageschehen gewesen. Johnson lernte auf diesem Kutter segeln, nahm an den lokalen Wettfahrten teil und machte einige Reisen.

1899 verkaufte Johnson die *Moonbeam* an einen Mister Rice und wandte sich auf der Suche nach einer größeren Yacht an den Londoner Konstrukteur Frederick Sheppard, einem Experten für Segelyachten mit Hilfsmotor. So kam es zum Bau von *Moonbeam II* auf der White Brothers-Werft. Dieser 17,80 Meter lange Kutter mit 292 Quadratmeter Segelfläche erwies sich zwar als hervorragendes Fahrtenschiff, war jedoch nicht recht regattatauglich. Noch bevor Johnson ihn zum Verkauf anbot, ging er wiederum zur Fairlie-Werft, die mittlerweile William Fife III von seinem Vater übernommen hatte. Dessen Ruf beruhte auf den Regattaerfolgen seines in heimischen Gewässern unschlagbaren 20-Raters *Dragon* aus dem Jahre 1889, auf welchen auch das spätere Markenzeichen der Werft, der stilisierte Drache am Bug der Fife-Yachten, zurückgeht. Jedenfalls bescherte die erfolgreiche *Dragon* dem Konstrukteur regelmäßige Aufträge für kleinere Regattayachten, und erst später entwickelte sich Fife zum Experten auch für große Einheiten, sodass Sir Thomas Lipton 1898 bei ihm die *Shamrock* orderte und er 1902 den Auftrag für den Schoner *Cicely* sowie 1903 für die englische America's Cup-Herausforderin *Shamrock III* bekam.

Die *Moonbeam III*, heute die »Moonbeam of Fife« genannt, war als Yawl geriggt und lief ebenfalls 1903 vom Stapel. Sie fiel so aus, wie Johnson sie sich vorgestellt hatte: konkurrenzfähig auf Wettfahrten und dazu ein angenehmes Fahrtenschiff. Schon im Mai erwies sich die Yacht als gefürchtete Gegnerin, als sie auf einer Fünf-Stunden-Regatta mit 14 Teilnehmern, die mit weniger zehn Minuten Differenz über die Ziellinie gingen, hinter der *Créole*, dem 1890 gebauten Kutter von G. L. Watson, den zweiten Platz belegte. Im Laufe der Saison segelte sie gegen die besten Yachten ihrer Zeit und legte über 5000 Seemeilen zurück.

1914 und eingedenk seiner zehnjährigen Segelerfahrung entwickelte der mittlerweile 61-jährige Johnson das Bedürfnis, im Kreise der ganz Großen mitzuspielen, hegte er doch eine unendliche Bewunderung für die Prinzen, Könige und Geschäftsleute, die sich in der Big Class tummelten. So orderte er bei seinem Lieblingskonstrukteur die kuttergetakelte *Moonbeam IV*.

Der Auftrag war minutiös geplant, und nichts wurde dem Zufall überlassen. So legte Charles Johnson zum Beispiel fest, dass die Türangeln nicht etwa aus Bronze, sondern aus »gun metal« gefertigt werden sollten ... Im Mai 1914 waren die Pläne fertig, und bereits am 2. Juni absolvierte der Experte von Lloyd's Register seine erste Besichtigung auf der Fife-Werft. Durch den Ausbruch des Ersten Weltkrieges verzögerten sich die Arbeiten, die 1916 und 1917 ganz zum Stillstand kamen, doch Anfang 1918 wieder aufgenommen werden konnten. Am 3. Mai 1919 kam der Rumpf zu Wasser und wurde ans andere Clyde-Ufer zu Robertson & Son verholt, wo die Arbeiten ihren Abschluss fanden; der eigentliche Stapellauf ist auf den 19. April 1920 datiert.

Nach dem Krieg gab König Georg V., damals Eigner der *Britannia*, einem 1893 gebauten Kutter von G. L. Watson, das Zeichen zur Wiederaufnahme des normalen Lebens und der Regattaaktivitäten. Das war es, worauf man in Seglerkreisen gewartet hatte: Richard H. Lee nahm es zum Anlass, die *Terpsichore* und spätere *Lulworth* bei Herbert W. White in Auftrag zu geben, andere Eigner machten ihre alten Yachten wieder flott: etwa die *Nyria* von 1906, die *Westward* von 1910, die 23-m-R-Yacht *White Heather II* von 1907 oder die 1904 gebaute *Zinita*.

Beim Kampf der Giganten liegt die von dem talentierten Skipper Philippe Lechevalier geführte *Moonbeam* in Lee der frisch restaurierten *Lulworth*. Beim King's Cup von 1923 hatte die *Moonbeam* die *Lulworth*, die damals noch *Terpsichore* hieß, schlagen können (rechte Seite).

Mit dem auf Anraten des Skippers um zehn Tonnen aufgestockten Ballast segelt die Yacht der Big Class heute besser denn je (folgende Doppelseite).

Der King's Cup in den Jahren 1920 und 1923

1920 konnte Johnson die *Moonbeam III* an Ferdinand Maroni, einen Pariser Industriellen, veräußern, der die Yacht *Eblis* nannte und nach Brest legte. Dieser gewann noch im selben Jahr den Antonide-Julien-Cup, bevor er mit seinem Segler ins Mittelmeer wechselte. Fast 60 Jahre später, nämlich 1979, wurde dieses Schiff von Dr. John Poncia in Griechenland aufgetan und alsbald per Frachter nach England zurückgeholt. Dort erhielt die Yacht erneut ein Kutterrigg und auch ihren alten Namen zurück. Am 31. Mai 1989 wurde sie anlässlich einer Versteigerung von Sotheby's an einen Norweger verkauft, der sie in Charter fahren ließ. Später wechselte die *Moonbeam* in den Besitz von G. Naigeon, einem Mitglied des YCF, und belegte bei der 2001er Jubiläumsregatta des America's Cup mit Skipper Philippe Lechevalier den zweiten Platz. Heute kreuzt *Moonbeam III* zur großen Freude aller Betrachter so manches Mal das Kielwasser ihrer großen Schwester.

Kommen wir zurück zu den Ereignissen des Jahres 1920. Endlich war es so weit, dass Charles Johnson eine Yacht sein Eigen nannte, die mit den anderen Großen an den Start ging. *Moonbeam IV* maß 32,10 Meter Länge über alles, und rechnete man den Baum mit, der noch über ihr Heck hinausragte, waren es sogar 33,40 Meter, und das bei einer Wasserlinienlänge von 19,50 Metern und 506 Quadratmeter Segelfläche am Wind bzw. 758 Quadratmetern einschließlich der Ballonfock.

Schon auf ihrer ersten Wettfahrt, die vom Royal Clyde YC organisiert war, konnte sie ihre Konkurrenz beeindrucken. Am 10. Juli 1920 belegte sie auf der ersten Regatta des Royal Northern YC den zweiten Platz und ersegelte an den folgenden Tagen weitere vordere Plätze. Ihr schönster Erfolg aber war zweifellos der Gewinn des King's Cup der Royal Yacht Squadron am 3. August im Solent. 1923 gelang ihr das ein zweites Mal, und zwar vor der *Britannia*, der *Terpsichore* und der *Nyria*. Charles Johnson dagegen begann zu kränkeln und entschied sich 1926 zum Verkauf seiner Yacht an Henry »Nipper« Cecil Suton, seinerseits ebenfalls Mitglied des RYS, der in den folgenden zehn Jahre an allen bedeutenden Wettfahrten teilnahm, ohne an die Erfolge des Voreigners anknüpfen zu können. Die neuen 23-m-R-Yachten und die der J-Class (ab 1930) waren einfach schneller!

Der Yacht des Prinzen

1937 verkaufte Suton die *Moonbeam* an das Dreigestirn Reginald B. Asley, John P. T. Boscawen und J. E. Cowie. Den Zweiten Weltkrieg überdauerte die *Moonbeam IV* in Southampton, ab 1946 hieß ihr neuer Eigner Colin C. McNiel, der sie mit einer Maschine von Gardner und einem Bermudarigg ausstattete. Im Jahr darauf erfolgte der Verkauf an M. E. Binet, die sie im Mittelmeer als Fahrtenschiff nutzte. 1950 war das Jahr, in dem Prinz Rainier von Monaco die *Moonbeam* erwarb und einige Umbauten sowie die Taufe auf den Namen *Deo Juvante* (Mit Gottes Hilfe) – das Motto der Familie Grimaldi – veranlasste. Der Segler erhielt nunmehr zwei Baudouin-Maschinen, ein großes Deckshaus und ein Bermudarigg, das die Segelfläche am Wind auf 270 Quadratmeter reduzierte. 1953 kaufte sich der Prinz allerdings

Die Yacht *Moonbeam* trug offiziell niemals die Nummer Vier, doch die Medien haben ihr diesen Zusatz verliehen, um sie von ihren Vorgängerinnen zu unterscheiden (links).

Für den Mann, dem die *Moonbeam* ihre Wiedergeburt verdankt, ist die Acht eine Glückszahl. Es sieht so aus, als hätte er recht (rechte Seite).

Details einer liebevoll gepflegten Yacht: das Messing des Kompass-gehäuses blankpoliert, das Holz von Steuerrad und Blöcken auf Hochglanz lackiert, die Leinen sorgfältig aufgeschossen, die Mastringe mit Leder umnäht.

Bei achterlichen Winden wird das riesige Vorsegel mit dem Fockbaum ausgestellt, und der Kutter gleitet in ruhiger Fahrt dahin (linke Seite).

eine 45-Meter-Motoryacht von Camper & Nicholsons aus dem Jahre 1928, die *Deo Juvante II*, und veräußerte seinen Segler 1955. Es wird gemunkelt, Grace Kelly, die Gemahlin des Prinzen, habe sich am Abend der Hochzeit auf die ehemalige *Moonbeam* zurückgezogen … Später erhielt die Yacht den Namen *DulSol*, und 1959, im Besitz der Société civile de plaisance et de croisière von Monaco, taufte man sie wieder *Moonbeam*. Nach 1970 verloren sich die Spuren der Yacht im Lloyd's Register, denn das Schiff fuhr nun für ein griechisches Unternehmen in Charter. Man kann sich vorstellen, wie die *Moonbeam* ausgesehen haben mag, doch ihr Schicksal sollte eine erneute Wende erfahren.

Françoise und John Murray erhielten jedenfalls 1995 in Antibes eine Reihe von guten Vorschlägen. Einer davon, der auch beherzigt wurde, lautete, die Yacht der Werft Fairlie Restorations unter Leitung des begnadeten Duncan Walker anzuvertrauen. Dessen Urteil sollte die neuen Eigner beunruhigen: »Der Rumpf ist marode, die Yacht ein Wrack …« Doch John Murray wollte nicht so schnell aufgeben und besann sich der einstigen Qualität der Konstruktion. Auch nahm er 1996 mit der *Moonbeam* an den Régates Royales von Cannes und an der Nioulargue teil, wo die Yacht größtes Aufsehen und Interesse erregte. Dann fiel der Entschluss, *Moonbeam* auf einer asiatischen Werft zu restaurieren.

Vier Jahre in Asien

Moonbeam verließ Antibes am 31. Juli 1998 für eine Reise, die vier Jahre dauern sollte. Nicht der Indische Ozean, sondern die Ägäis mit Fallböen bis zu 60 Knoten und Sturm mit Winddrehungen von 180 Grad sowie ein Sturm im Andamanischen Meer vor Thailand drohten die Mission zum Scheitern zu bringen. Bei der Ankunft in Phuket war der Rumpf unterhalb der Wasserlinie von Rost überzogen und mit

Die 19-m-R-Yacht *Mariquita* muss der *Moonbeam* beim Start zu den Voiles de Saint-Tropez 2006 die Vorfahrt gewähren (linke Seite).

einer dicken Schicht Muscheln bewachsen. Dennoch erwies sich der Zustand der *Moonbeam* als längst nicht so desolat wie von den Experten befürchtet, sodass John Murrays Vorhaben, die Yacht in ihre Bestandteile zu zerlegen, Stück für Stück zu restaurieren und schließlich wieder zusammenzusetzen, zwar viel Zeit kosten würde, aber durchaus zweckmäßig schien.

Südostasien schien die ideale Region für die Durchführung eines solchen Projektes zu sein, da es hier die richtigen Handwerker gab, die auf eine lange Tradition der Holz- und Metallverarbeitung zurückblicken konnten, und weil die Kosten für derartige Arbeiten nur einen Bruchteil von dem betrugen, was man in Europa zahlen musste. So wählten die Murrays die Myanmar Shipyards in Yangon (Rangun), der Hauptstadt des ehedem als Birma (Burma) bezeichneten Landes, in deren Umgebung sich zudem die besten Teakholzwälder der Welt befanden, aus denen schon das Material für den Originalrumpf stammte. Im April 1999 machte die *Moonbeam* am Kai der Werft in Yangon fest. Noch vor dem Aufslippen wurden das Rigg, das tonnenschwere Doghouse, die Luken, aber auch die Motoren, die Inneneinrichtung und Ausrüstung demontiert und in einem eigens dafür gebauten Schuppen zwischengelagert. Im Juni ging man, nunmehr an Land, daran, die Kupferplatten vom Unterwasserschiff sowie die dicken Farbschichten von der Außenhaut zu entfernen. Darunter kam das Teak von 1914 zum Vorschein, und in der Tat: Die 59 Millimeter starken Planken befanden sich in einem erfreulich guten Zustand. Dennoch wurden auch sie in den folgenden zwei Monaten demontiert und zur Erleichterung der späteren Wiederverwendung registriert.

Das freigelegte Schiffsgerippe aus Eisen wurde entrostet und mit Stahlstringern versteift. Wie sich herausstellte, war das Material im Bereich der Gillung wie der Batterien rott und musste ersetzt werden. Danach bekam die Konstruktion einen schwarzen Rostschutzanstrich auf Expoxidharz-Basis. Am 31. Mai 2000 erfolgte die Abnahme durch Lloyd's Register.

Die Instandsetzung von Kiel und Ballast sowie die Erneuerung der Kielbolzen erwiesen sich als schwierige, aber nicht unlösbare Aufgabe. Danach konnte der Rumpf mit den renovierten Originalplanken, von denen nur zwei vollständig verrottet waren, wieder aufgeplankt werden, wofür man 9000 Nieten verwendete, die einen geringfügig größeren Durchmesser als die Urstücke aufwiesen. Es folgte das Deck aus Zedernholz und die Konstruktion der Aufbauten, die sich an zeitgenössischen Bauzeichnungen orientierte.

Das Ehepaar Murray legte besonderes Augenmerk auf die Inneneinrichtung, die den Entwurf von Fife aufnehmen, aber etwas mehr Bequemlichkeit bieten sollte. Die Damenkabine und der angrenzende Badbereich wurden zwar komplett neu gebaut, aber nur der elegante Kartentisch mit den Navigationsinstrumenten sollte schließlich vom ursprünglichen Entwurf abweichen. Auch die heutige Pantry und die Mannschaftslogis sind mit mehr Komfort ausgestattet. Erhalten ist aber der viktorianische Stil, mit dem das in Myanmar heimische, rosenholzfarbene Teak perfekt harmoniert. Das Holz für Mast und Baum wurde dagegen aus Alaska importiert.

Ein zweites Leben

Im Juni 2002 erfolgte der zweite Stapellauf der *Moonbeam*, die sogleich mit einem provisorischen Satz Segel in Richtung Auckland, dem Austragungsort des America's Cup, aufbrach. Die rund 8500 Seemeilen verliefen ohne Zwischenfälle, und schließlich konnte die *Moonbeam* sogar noch den von Peter Harrison, dem Leiter der britischen Kampagne, ausgeschriebenen Schönheitswettbewerb gewinnen. Auf einem Frachter kam die Yacht nach Europa zurück, wo sie im Juni 2003 an den schottischen Fife-Regatten teilnahm. Später wurde sie auch von Prinz Rainier von Monaco empfangen und hat sich auf vielen Treffen klassischer Schiffe gezeigt. Unter Führung ihres Skippers Lechevalier ist sie kaum zu schlagen ...

Die »8« ist an Bord zu einer wahren Obsession geworden.

Es hat aufgebrist, und
man hat vorsichts-
halber schon mal das
Toppsegel gestrichen
(links).

Auf die Restaurierung der Inneneinrichtung haben die beiden neuen Eigner Françoise und John Murray besonderen Wert gelegt und auch das kleinste Detail mit ausgesuchten Materialien handwerklich exquisit fertigen lassen.

Unter Deck herrscht die unaufdringliche Eleganz einer schlichten, edlen Ausstattung in gedeckten Farben, in der man sich - nicht zuletzt wegen der unauffällig installierten Klimaanlage - wirklich wohlfühlen kann.

Technische Daten

Name: **Moonbeam**	*Lüa:* 33,40 m
Konstrukteur: **William Fife III**	*LüD:* 28,80 m
Werft: **William Fife & Son, Fairlie**	*LWL:* 19,50 m
Takelung: **Gaffelkutter (1927)**	*Breite:* 5,10 m
Vermessung: **keine; Fahrtenyacht**	*Tiefgang:* 3,90 m
Stapellauf: **3. Mai 1918**	*Ballast:* 34 t
Erster Eigner: **Charles Plumtree Johnson**	*Verdrängung:* 84 t
Weitere Namen: **Deo Juvante, DulSol**	*Segelfläche am Wind:* 506 m²
Restaurierung: **1998–2002**	*Maschine:* **Lehman, 350 PS**
Werft der Restaurierung: **Myanmar Shipyards, Yangon**	
Bauweise: **Teak auf Eisen geplankt**	

Decksplan

Backbord

Oberlicht   Niedergang   Klampe   Oberlicht   Vorderer Niedergang   Klüverbaum

Großschot-Leitwagen   Steuerstand   Oberlicht   Mast   Ankerspill   Außenklüvergeien

Steuerbord

Einrichtungsplan

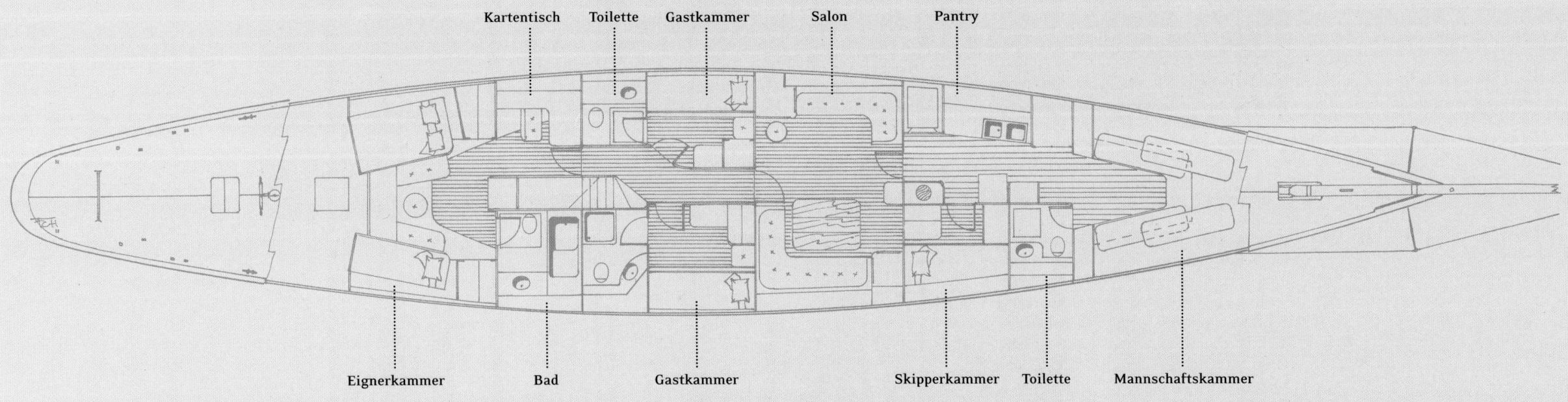

Kartentisch   Toilette   Gastkammer   Salon   Pantry

Eignerkammer   Bad   Gastkammer   Skipperkammer   Toilette   Mannschaftskammer

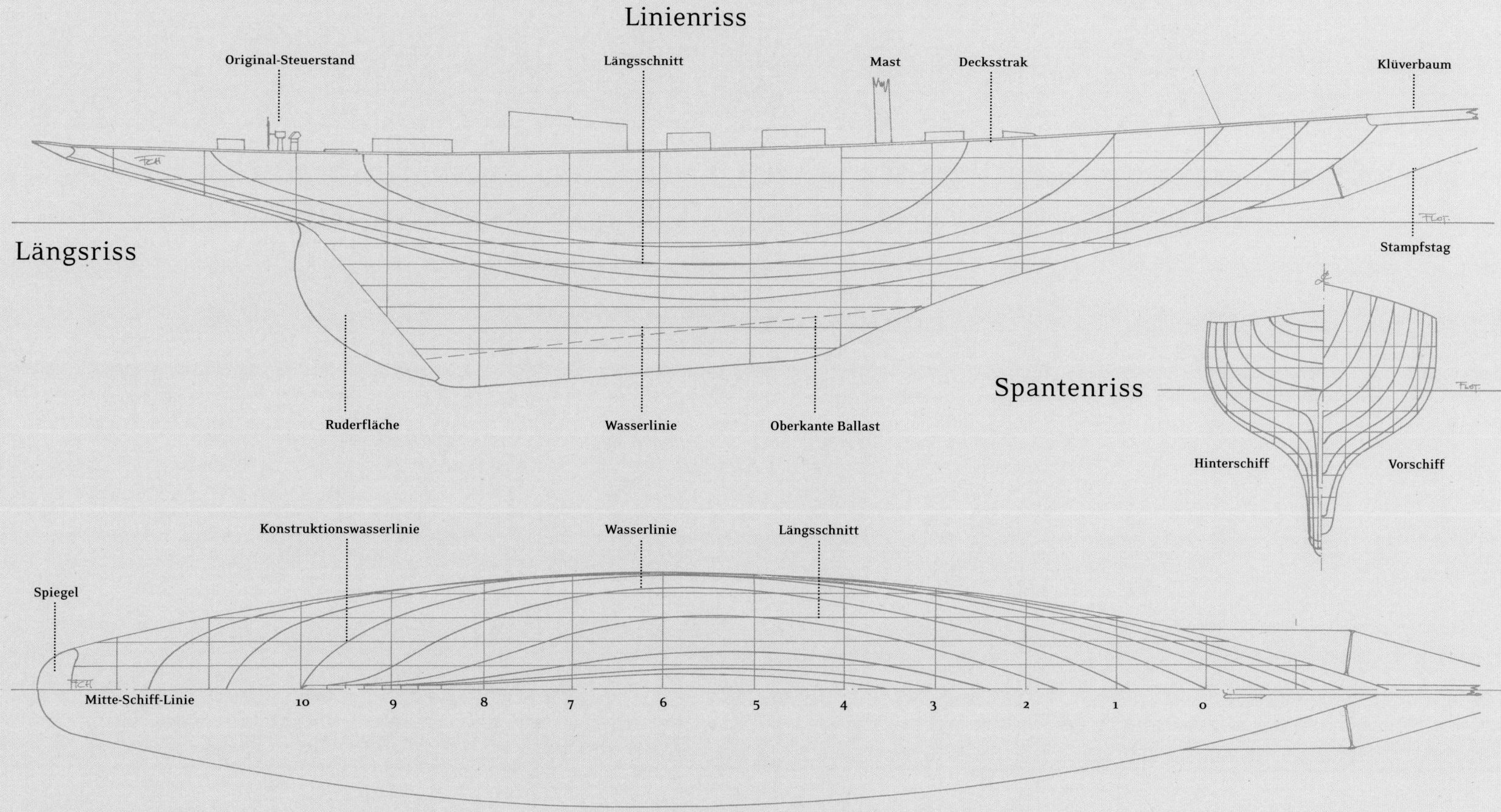

Linienriss

Längsriss

Original-Steuerstand Längsschnitt Mast Decksstrak Klüverbaum

Stampfstag

Ruderfläche Wasserlinie Oberkante Ballast

Spantenriss

Hinterschiff Vorschiff

Konstruktionswasserlinie Wasserlinie Längsschnitt

Spiegel

Mitte-Schiff-Linie 10 9 8 7 6 5 4 3 2 1 0

Wasserlinienriss

Nan

Es gibt Märchen, die werden wahr, und *Nan* ist der beste Beweis. Man muss nicht einmal die Fantasie bemühen, es reicht völlig aus, sich die Geschichte dieser Yacht zu Gemüte zu führen, die für eine Fife-Konstruktion allerdings gar nicht so ungewöhnlich ist! Bei einer Internetrecherche nach interessanten Objekten fiel der Blick des Antiquitätenhändlers Philippe Menhinick im Dezember 1998 auf die Verkaufsanzeige einer in Cap d'Agde liegenden Holzketsch von 1932, und besonders auf das Foto vom Spiegel der Yacht, der ihren Namen – *Nan* – zeigte. Dem Händler kamen Kindheitserinnerungen in den Sinn: Hatte sein Vater nicht vom Segelboot seines Großvaters geschwärmt, welches *Nan* hieß?! Eine Nachforschung im Lloyd's Register bestätigte die Richtigkeit seiner Vermutung, denn er fand einen 1897 vom Stapel gelaufenen Kutter namens *Nan*, der einem George-Henry Menhinick gehört hatte: ein Fife-Design. War dies das zum Kauf angebotene Boot?

All diese restaurierten Klassiker bedürfen wirklicher Leidenschaft. Die *Nan* verdankt ihr Comeback der grenzenlosen Begeisterung, die Philippe Menhinick für die alte Yacht seines Großvaters entwickelte.

Fairlie in Schottland im Jahre 1896. Der 39-jährige William Fife jun. zeichnete an den Plänen der *Nan*, eines Cruiser-Racers. Diese zweite größere Order der Saison stammte von Thomas Corby Burrowes, der 1856 in Dublin geboren war und bereits im zarten Alter von 14 Jahren (!) seine erste Yacht geschenkt bekommen hatte. Dieser Ire war ein Yachtfanatiker und zudem Mitglied in 14 Yachtclubs. Er hatte damals bereits mehrere Schiffe besessen, deren Namen allesamt die Buchstaben NAN beinhalteten. Auf seine 1890 von William Fife gezeichnete *Nan*, mit der er an 30 Regatten teilnahm und 24 erste und drei zweite Plätze ersegelte, folgten die *Nansheen*, die *Nance*, die *Squaw Nan*, eine weitere *Nan*, die *Naneen*, die *Nanta* und die *Savourna*.

Anfang April begannen die Werftarbeiter in Fairlie mit dem Projekt, am Freitag, dem 30. April 1897, konnte bereits der Stapellauf der *Nan* stattfinden. Bald verließ die Yacht Schottland, um am Nachmittag des 2. Juni in Dublin vermessen zu werden. Unterdessen nahm Thomas mit seiner damaligen Slup *Nance*, einem von J. E. Doyle gezeichneten Zweitonner, an einer Wettfahrt teil.

Zum Ende der Saison 1898 wurde *Nan* bereits zum Verkauf angeboten und Anfang 1899 von dem Londoner Sportsmann S. M. Mellor erworben, der mit ihr eine glanzvolle Regattakarriere startete.

Die glorreichen Jahre

Am 5. Juni 1899 eröffnete Mellor auf der Thamse bei mittleren Winden seine erfolgreiche Saison. Der nächste Sieg der *Nan* folgte am 10. August in Ryde bei einer recht frischen Brise.

Die erste Wettfahrt im Jahre 1900 wurde wiederum siegreich beendet und ebenso die Regatta des Royal Cinque Ports YC bei leichten Winden. Bei der Ramsgate Week Anfang Juli landete *Nan* nach gesegelter wie berechneter Zeit vor den Yachten *Cerigo* und *Yum*, und einige Tage feierte sie bei den Wettfahrten des RCPYC weitere Erfolge. Anfang August wechselte die *Nan* zu den Regatten anlässlich der Weltausstellung in Paris nach Le Havre und ersegelte bei ihrem französischen Debüt einen fünften Platz, doch schon während der Wettfahrten des Royal London YC vor Cowes im selben Monat entschloss sich Mellor zum Verkauf des Schiffes.

1901 segelte der Kutter unter der Ägide der beiden Co-Eigner Hall-Say und Elder. Mit einem neuen Satz Segel von Ratsey, Cowes, errang die *Nan* auf der Cowes Week drei wunderschöne Siege sowie einen zweiten Platz. Auch im folgenden Jahr fuhr die Yacht zwei erste Plätze ein, und 1903 zählte der Eigner 16 Preise bei 34 Starts.

1904 fehlte *Nan* auf dem Regattaparcours, 1905 trat sie im Besitz von C. H. Holland bei der Ostender Woche und den Régates Internationales von Antwerpen erneut an. Dann wechselte sie nach Glasgow, aber bereits am 6. Juli 1905 errang das Schiff einen ersten und einen fünften Platz in Antwerpen sowie etwas später bei der Cowes Week wiederum einen wundervollen Ersten.

1906 kam C. H. Holland wiederum nach Belgien, wo er mit der *Nan* den vom Yacht Club de France gestifteten Coupe d'Élégance gewann. Und in ihrem zehnten Jahr siegte die Yacht in Ostende und erkämpfte sich einen zweiten Platz in Le Havre.

Glücklose Jahre

Ab 1908 wurde die *Nan* auf keiner Wettfahrt mehr gesichtet. 1926 erhielt die Yacht, die mittlerweile Major K. J. McMullen gehörte, ein Gaffelketschrigg. Wegen einer Materialerweichung ließ man das elegante Heck verkürzen und ersetzte einige Spanten. Im folgenden Jahr erfolgte der Einbau einer Maschine vom Hersteller Ford. 1931 wechselte man auf ein Marconirigg. Zum Ende der Zweiten Weltkriegs wurde die Yacht, die 1940 wegen des Bleiballastes requiriert worden war, von Stephen Sparrow aufgekauft. 1948 erfolgte eine Veräußerung an Douglass A. Marshall, der die *Nan* wenige Monate später George-Henry Menhinick aus Hamble überließ.

Ende 1951 querte die Yacht erneut den Kanal, wo sie in den Besitz von Louis-Didier Zurstrassen, einem belgischen Freund der Familie Menhinick, nach Antwerpen wechselte. In den folgenden drei Sommern kreuzte die *Nan* in französischen Gewässern, um ab 1955 ganz ins Mittelmeer überzusiedeln. In der Saison 1958/59 verschwand der Name *Nan* aus dem Lloyd's Register, weil der neue Eigner Joseph Albertini die Yacht in *Anyway II* umbenannt hatte. Erst bei dem erneuten Besitzerwechsel 1968 erhielt die Ketsch von Pierre Malafosse ihren ursprünglichen Namen zurück.

In der Akte vom 22.5.1988 ist allerdings vermerkt, dass die Yacht am 24.12.1968 nach Frankreich eingeführt wurde, und in den Rubriken Baujahr und Land sind 1932 (!) und Großbritannien registriert. Ist die *Anyway II* also tatsächlich jene *Nan* gewesen, die uns interessiert? Höchstwahrscheinlich ja. Malafosse hat jedenfalls bis Anfang der 1980er-Jahre etliche Fahrten mit der Familie und seinen Freunden im Mittelmeer unternommen, danach blieb die *Nan* meist im Hafen von Cap d'Agde liegen. Ab 1983 bestimmten Malafosses Schwiegersohn Claude Comolet und dessen Freund Serge Mas die Geschicke der Ketsch, die sie erneut aufriggten, ihr anstelle der Pinne ein Steuerrad verpassten, den marinisierten Renault-Motor durch einen Perkins ersetzten und die sommerlichen Fahrten im Mittelmeer wieder aufnahmen. Im Winter 1990/91 kam *Nan* anlässlich umfangreicher Renovierungsarbeiten auf die Werft Des Baux in Sanary-sur-Mer, wo sie in den folgenden Jahren überholt wurde.

Die Hoffnung

Im Dezember wurde das Schiff mit dem ein wenig rätselhaften Schicksal von Philippe Menhinick entdeckt. Dieser begab sich im Rahmen seiner akribischen Recherchen nach Cap d'Agde, um Fotos von der Yacht zu machen. Zurück in Saint-Malo traf er Alain Gilbert und Claude de Possesse, zwei ehemalige Mitsegler seines Großvaters, die bestätigen konnten, dass es sich bei der fotografierten Yacht

um die des George-Henry Menhinick handelte. Blieb die Frage nach dem in den Papieren eingetragenen Baujahr. Philippe entschied sich trotzdem für den Kauf der *Nan*, die ihm am 20. Januar 1999 zugesprochen wurde. Er fragte sogleich bei Fairlie Restorations nach einem Kostenvoranschlag für eine Restaurierung der Yacht: Vier Millionen Francs allein für Rumpf und Deck, zusätzlich die Kosten für ein neues Rigg – das konnte er nicht aufbringen. Aber selbst war der Mann …

Allerdings musste er dann doch die Hilfe einiger Profis in Anspruch nehmen sowie die eines Bauern aus Saint Colomb, der ihm einen Lagerschuppen vermietete, wo die *Nan* Anfang April 1999 untergebracht wurde. Unterdessen trieb Philippe seine Nachforschungen voran.

Anfang April trat ich in das Geschäft in Saint-Malo, in dem Philippe Seefahrtsantiquitäten verkaufte. Sogleich entspann sich ein Gespräch über die *Nan*, später holten wir weitere Informationen ein, und bald wurde klar, dass es sich bei Philippes Objekt tatsächlich um die 1896 für den Iren Thomas C. Burrowes gezeichnete Yacht handelte, die von William Fife III die Baunummer 377 erhalten hatte.

… und die Wiedergeburt

Ich teilte Philippe die Telefonnummer eines gewissen Derek Burrowes mit, der ihn zunächst abzuwimmeln versuchte: Seine Familie hätte niemals eine so große Yacht besessen … Einige Tage erhielt der neue Eigner allerdings einen Rückruf. Er habe sich doch an eine ähnliche Yacht erinnert, und in der städtischen Bibliothek hatte Burrowes Jim Grant getroffen, Konservator des Schifffahrtsmuseums in Irvine, wo die Archive von Fife aufbewahrt wurden, und sich nach Thomas Burrowes erkundigt. Das Museum war tatsächlich im Besitz einer Zeichnung der *Nan*! Und so ließ sich am 31. August 1999 die Abstammung dieses Kutters zweifelsfrei klären.

Nun blieb nur noch zu überlegen, wie man ohne ein stattliches Vermögen in der Lage sein würde, das Schiff zu restaurieren. Eigenarbeit war gefragt. Und ein auskunftsfreudiger Experte, der in der Person von Raymond Labbé in Saint-Malo gefunden wurde. Dazu stießen der Bootsbauer Gilles Baron und der Möbeltischler Philippe Bellion sowie als »Handlanger« Jean-Bertrand Rondel. Philippe Menhinick kümmerte sich um die Logistik. Bald waren die ersten Werkzeuge angeschafft, und schon am 17. September 1999 konnte die Arbeit beginnen.

Die Taufe der *Nan* fand am 6. August 2001 im Havre de Lupin in Anwesenheit der *Moonbeam III*, einer Fife-Konstruktion aus dem Jahre 1903, statt. Am 15. August startete *Nan* zur Jubiläumsregatta des America's Cup nach Cowes, wo die restaurierte Yacht in ihrer Klasse hinter dem Herreshoff-Design *Marilee* von 1926 einen zweiten Platz belegte. Einige Wochen später kehrte die *Nan* ins Mittelmeer zurück, um am Prada Challenge der klassischen Yachten teilzunehmen. Anfang Oktober wurde sie dort mit einem ersten Platz belohnt. Könnte man sich einen schöneren Lohn für die Arbeit von Philippe und seinen Leuten vorstellen?!

Die *Nan* nimmt an allen Klassikertreffen im Mittelmeer teil (links).

Eigner Philippe Menhinick handelt mit maritimen Antiquitäten und hat natürlich dafür gesorgt, dass der prunkvolle Kompass originalgetreu instand gesetzt wurde. Auch die Inneneinrichtung ließ er restaurierten, und die Pantry blieb vorn am Mast.

Technische Daten

Name: *Nan*
Konstrukteur: William Fife III
Takelung: Kutterrigg
Klasse: Cruiser-Racer
Stapellauf: April 1897
Erster Eigner: Thomas C. Burrowes
Restaurierung: 2001
Werft der Restaurierung: Chantier Naval Nan, Saint Colomb
Bauaufsicht: François Chevalier
Bauweise: Mahagoni auf Eiche bzw. Akazie

Lüa: 24,95 m
LüD: 19,23 m
LWL: 13,47 m
Breite: 3,53 m
Tiefgang: 2,59 m
Ballast: 12 t, Blei
Verdrängung: 20 t
Segelfläche am Wind: 301 m²
Maschine: 50-PS-Perkins

Decksplan

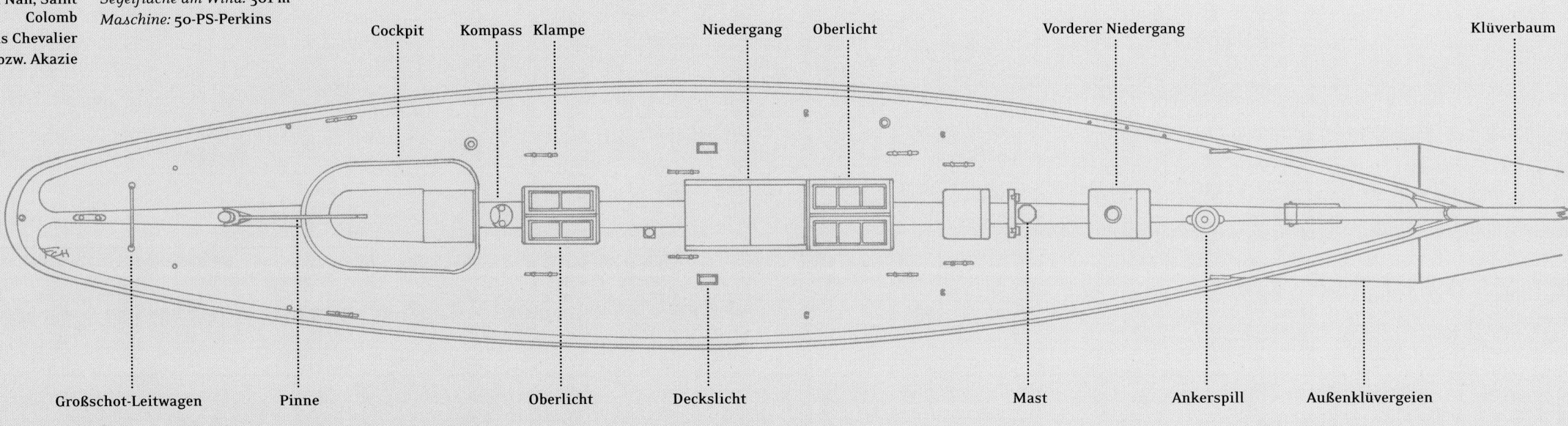

Backbord

Cockpit   Kompass   Klampe   Niedergang   Oberlicht   Vorderer Niedergang   Klüverbaum

Großschot-Leitwagen   Pinne   Oberlicht   Deckslicht   Mast   Ankerspill   Außenklüvergeien

Steuerbord

Einrichtungsplan

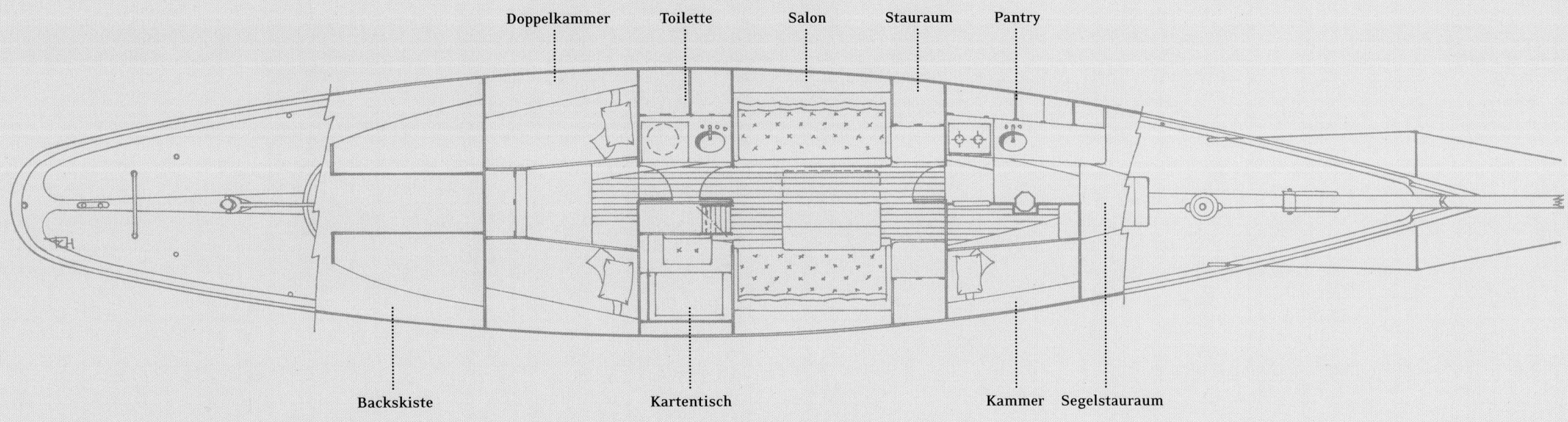

Doppelkammer   Toilette   Salon   Stauraum   Pantry

Backskiste   Kartentisch   Kammer   Segelstauraum

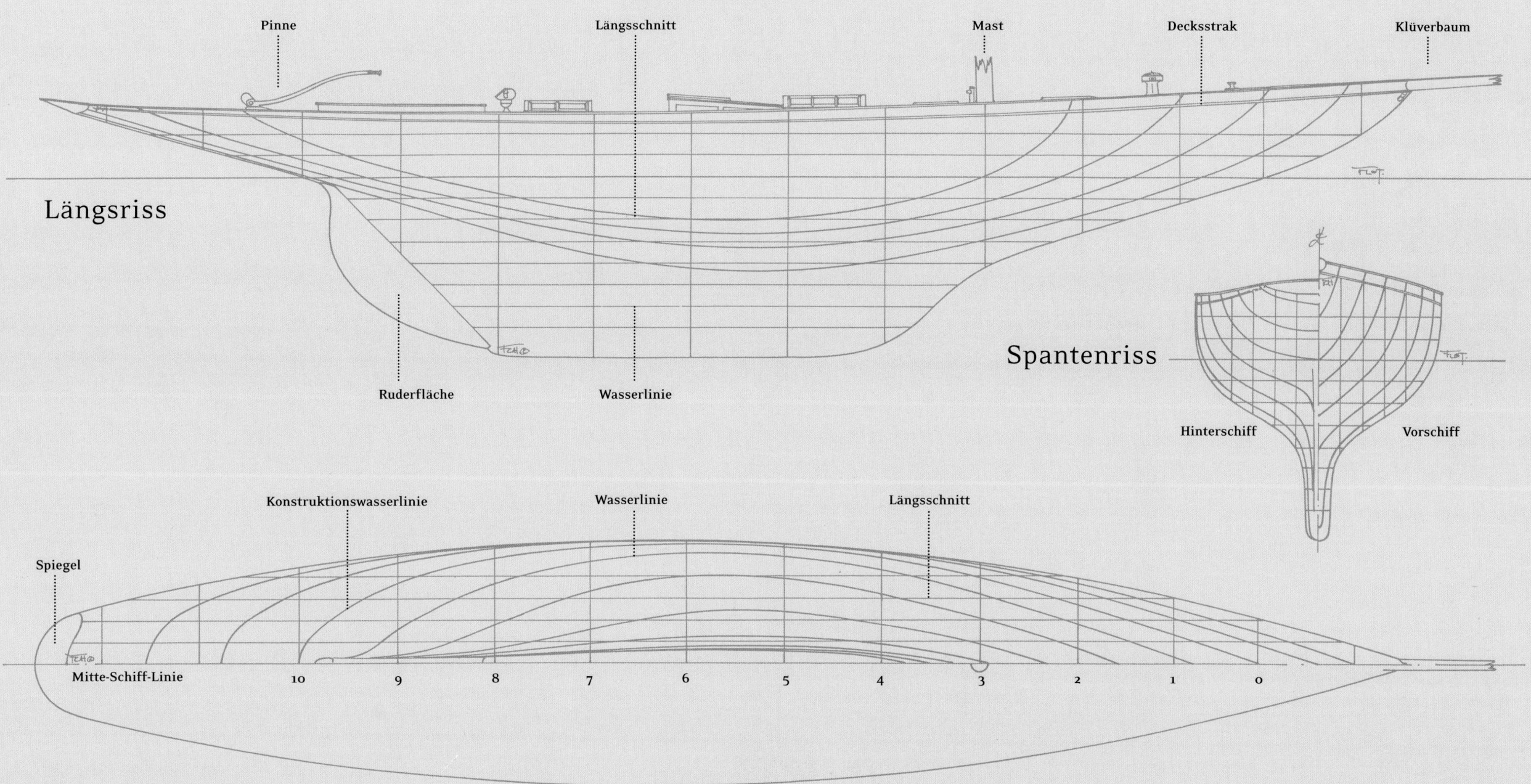

Linienriss

Pinne Längsschnitt Mast Decksstrak Klüverbaum

Längsriss

Ruderfläche Wasserlinie

Spantenriss

Hinterschiff Vorschiff

Konstruktionswasserlinie Wasserlinie Längsschnitt

Spiegel

Mitte-Schiff-Linie 10 9 8 7 6 5 4 3 2 1 0

Wasserlinienriss

New York 40

Ein hässliches Entlein? Alles ist relativ. Obwohl die Einheitsklasse des New York Yacht Club von 1916, die New York 40, fünf Meter kürzer ausfällt als ihre ältere Schwester, die New York 50, misst ihre Deckslänge immerhin stolze 18 Meter. Freibord und Breite stimmen dagegen nahezu mit den Maßen der Vorgängerin überein. Schließlich hatte sich der NYYC einen fahrtentauglichen und bewohnbaren Racer vorgestellt. Und die Mitglieder des Vereins waren damals eher groß …

Das Deckslayout der New York 40 *Marilee* ist für amerikanische Yachten der damaligen Zeit charakteristisch – schlicht und funktionell. Die Schiffe dieser Klasse blieben den Mitgliedern des NYYC vorbehalten.

Die Reaktion der Presse über die »Neue« von der Herreshoff-Werft war nur eingeschränkt positiv. So stand im Mai 1916 in der »New York Times« über den Konstrukteur und Urheber der Einheitsklasse New York 40 zu lesen, er habe sich damit zufriedengegeben, ein Sparmodell von seinem America's Cup-Verteidiger *Resolute* (1914–1920) zu schaffen.

Wahr ist, dass die Schöpfungen des »Zauberers aus Bristol« eine gemeinsame Eigenart besaßen. Sie alle zeichneten sich durch einen scharf geschnittenen Bug, einen breiten, bauchigen Rumpf und ein schlankes Heck sowie V-förmige Spanten aus, und die Konstruktionen waren deutlich schwieriger zu zeichnen als etwa die der Yachten der Kollegen Fife oder Nicholson. Deren Linien wurden nämlich mithilfe einer biegsamen, mit Gewichten beschwerten Latte ermittelt, deren Krümmung die Yachtarchitekten übernahmen. Herreshoff dagegen baute zunächst ein Halbmodell, dessen Linien er auf Papier kopierte. So erarbeitete er die Konzeption, in die auch die Berechnungen von Vermessung und Hydrostatik sowie Überlegungen zur Umsetzung des Entwurfes einschließlich des Riggs und der Ausrüstung der Yacht einflossen, beim Schnitzen. Jedes seiner Schiffe war von Herreshoff bis aufs kleinste Detail durchkonstruiert – die Form eines Türgriffs ebenso wie die der Segel. Selbst die Dampfmaschinen seiner »steam yachts« entstammten seiner Werkstatt.

Der »Zauberer« war ein wortkarger Mensch, der sehr zurückgezogen arbeitete und nur wenige Informationen an die Öffentlichkeit gab. In seinem legendären Interview von 1903 über die Verteidigung des America's Cup hatte er auf die Frage, was er von der Yacht *Reliance* halte, geantwortet: »Ich habe nichts zu sagen.« – »Wird sie die *Constitution* schlagen können?« Keine Antwort. – »Und was halten Sie von der *Shamrock III?*« Wieder keine Antwort. – »Dann noch einen schönen Tag, Herr Herreshoff.« – »Ihnen auch. Und schreiben Sie auf keinen Fall etwas, was ich Ihnen nicht gesagt habe …«

Die Roaring Forties

Am 30. Mai 1916 traten die ersten zehn Yachten der NY 40-Einheitsklasse auf einem 18-Meilen-Kurs der Frühjahrswettfahrten gegen die älteren Klassen der NY 30 und NY 50 an. Bei leichter Brise entfachten die Debütanten nicht gerade Stürme der Begeisterung. Die NY 50 *Barbara* von Harry Paine Whitney besiegte die *Carolina* von George Nichols, und auch die NY 30 *Lena* von Ogden M. Reid ging vor den Schiffen der neuen Einheitsklasse ins Ziel, von denen die *Zilph* (James E. Hayes) die schnellste war. Ihr folgten die *Mistral* von George M. Pynchon auf dem zweiten und die *Maisie* von Henry B. Plant, dem Sohn Morton F. Plants, auf dem dritten Platz. Mit dem 19-Seemeilen-Dreieckskurs vor Glen Cove am 23. September wurde die Meisterschaft in der neuen Einheitsklasse abgeschlossen. Noch beim Start maß man moderate zehn Knoten Wind, doch die Brise sollte noch stark auffrischen. Den Pokal konnte die *Jessica* von Wilson Marshall, gesteuert von Edmond Fish, gewinnen, Platz zwei und drei belegten die *Mistral* und die *Maisie*. Da die USA am 6. April

1917 Deutschland den Krieg erklärten, sollte das Regattasegeln erst vier Jahre später wieder aufgenommen werden …

Schnell stellte sich heraus, dass die Yachten luvgierig waren und ihr Segelplan einer Verbesserung bedurfte. Die zwölf im Jahre 1916 gebauten Schiffe wurden denn auch zur Saison 1920 allesamt mit einem Klüverbaum nachgerüstet, um den Segeldruckpunkt weiter nach vorn zu verlagern. Im Allgemeinen war die Klasse doch recht erfolgreich, und die Yachten hatten vor allem bei stärkeren Winden und Seegang gute Handhabbarkeit und Seetüchtigkeit demonstriert. Vor allem aber war das Konzept einer sowohl fahrten- wie regattatauglichen Einheitsklasse mit einer Yacht, die auch ohne professionelle Crew bewegt werden konnte, aufgegangen. Der Beiname »Roaring Forties« ist dem kompromisslosen Segelverhalten tagsüber sowie vor allem dem hemmungslosen und nächtelangen Trinken der Eigner und Mannschaften zuzuschreiben.

Die *Marilee* – neun lange Monate bis zur Wiedergeburt

In Europa wurden die Yachten der NY 40-Klasse zuerst durch die wunderschönen Aufnahmen des offiziellen Clubfotografen Stanley Rosenfeld sowie durch das legendäre Foto vom 23. Juli 1923 von Edwin Levick bekannt, das nebst drei anderen Schiffen der Klasse die *Rowdy* während der Wettfahrtserie vor Larchmont zeigt und den Titel »Forties in a Squall« trägt.

An einem schönen Wintertag im Jahre 1999 fasste der NYYC den Entschluss, eine repräsentative Yacht zu den Jubiläumsfeierlichkeiten des America's Cup 2001 nach Cowes zu schicken. Von den vier noch in den USA segelnden Yachten der NY 40-Klasse fand sich die 1926 gebaute *Marilee* bereit, den Auftrag zu erfüllen, doch war ihr Zustand derart beklagenswert, dass die fünf Co-Eigner Edward Caine, Peter Kellog, Mitchell Shivers, Larry Snoddon und William Waggoner das Schiff zuvor zu einer grundlegenden Überholung zu William Cannell nach Maine bringen mussten. Im August kam die *Marilee* auf die Werft, wo man sie während der neunmonatigen Arbeiten originalgetreu restaurierte. Diese Zeit hatte die Herreshoff Manufacturing Company benötigt, um in den 1920er-Jahren zwölf neue NY 40er zu bauen. Allerdings beschäftigte Cannell gerade einmal neun Bootsbauer, während Herreshoff etwa 100 angestellt hatte … Jedenfalls mussten im Jahre 2000 rund 70 Prozent des Materials der *Marilee* ersetzt werden.

Eine schwierige Aufgabe der Werft bestand darin, Holz zu besorgen, das der Qualität des Originals gleichkam. Das honiggelbe Holz der Außenhaut fand man schließlich im Norden Floridas, die Amerikanische Weißeiche, aus denen die Spanten gefertigt waren, in Neuengland.

Bei der Rekonstruktion wurden alle Anweisungen Herreshoffs minutiös befolgt, und jedes kleinste, marode Stück Holz durch ein neuwertiges ersetzt – etwa die einzelnen Planken aus Mahagoni inmitten von Pitchpine an den Bordwänden. Herreshoff hatte außerdem die Deckskonstruktion wie die Verbindung von Spanten und Planken mithilfe von Querverstrebungen aus Stahl verstärken lassen, sodass der Rumpf bei Beibehaltung der Querschnitte von Decksbalken und Spanten ver-

In dem schlichten Segelplan der NY 40 ist nur eine Baumfock mit Latten sowie ein Holepunkt für sämtliche Stagsegel vorgesehen (rechte Seite).

Sobald die *Marilee* nach der Wende wieder Fahrt aufnimmt und Lage schiebt, ist sie nicht mehr aufzuhalten (folgende Doppelseite links).

Die Breite ist typisch für den amerikanischen Yachtbau. In Europa wurden keine derart breiten Schiffe konstruiert (folgende Doppelseite rechts).

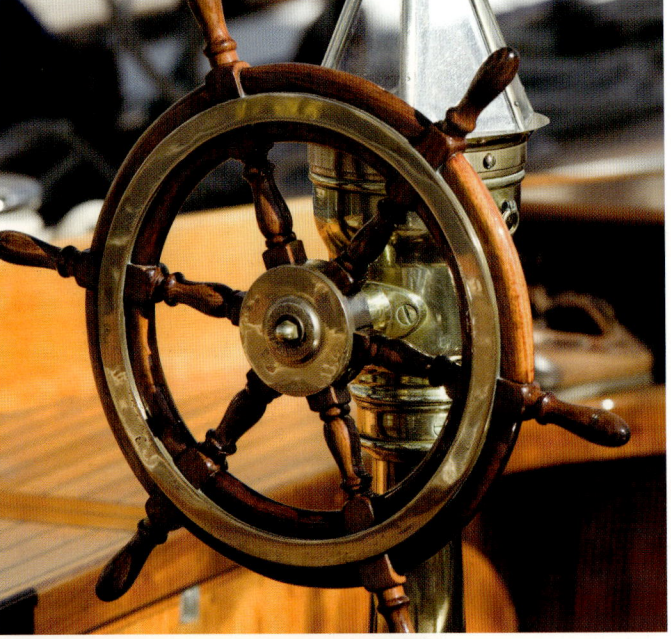

Die Decksdurchführung
des Mastes ist mit
Segeltuch abgedichtet,
die Steuerung hat ein
kleines Rad, an Deck ist
eine hölzerne Halterung
für den Anker montiert,
selbstverständlich den
Klassenvorschriften
entsprechend ...

gleichsweise steif war. Diese Stahlelemente wurden anlässlich der Restaurierung durch Bronzeteile ersetzt.

Das Deck wurde nicht aus Teak, sondern aus dem leichteren Kiefernholz gebaut und der Innenausbau den modernen Anforderungen an eine Yacht angepasst. So gibt es heute im Vorschiff eine Kabine mit Klappkojen sowie eine Toilette gegenüber der Pantry. Dahinter liegt der Salon, wo oberhalb der Sitzbänke weitere Kojen Platz zum Schlafen bieten, und die Toilette ist sowohl vom Salon als auch von der Eignerkabine zugänglich. So haben wir heute eine ebenso großzügige wie komfortable Aufteilung. Dank der enormen, lichten Höhe wähnt man sich unter Deck in einer viel größeren Yacht. Die in einem leicht getönten Weiß gemalten Schotten verstärken diesen Eindruck. Hochglanzlacke betonen die Qualität des Holzes, ohne den viktorianischen Stil zu verwässern. Mast und Baum wurden im Seaport Museum von Philadelphia aus Douglasie nachgebaut, wie sie für amerikanische Yachten typisch ist, die Segel stammen aus der Werkstatt von North in Annapolis.

Nach einigen Probeschlägen verschiffte man die *Marilee* nach England, wo sie zusammen mit anderen amerikanischen Schiffen wie der NY 40 *Rugosa II* von Halsey Herreshoff anlässlich des Jubiläums des America's Cup im Jahre 2001 die USA vertrat. Dort segelten die beiden älteren amerikanischen Damen zum ersten Mal in ihrem langen Leben inmitten der europäischen Prominenz auf der »anderen« Seite des Atlantiks, und *Marilee* gewann die Regatta rund um die Isle of Wight. Im September wechselte die Yacht ins Mittelmeer und siegte bei den Régates Royales vor Cannes, beim Prada Challenge wurde sie Zweite. Auch in der folgenden Saison schaffte sie es mit ihren Erfolgen, die Vermesser klassischer Yachten zu verunsichern. Per Frachter ging dann weiter in die Karibik und schließlich nach Newport.

Marilee – Sinnbild der NY 40-Klasse

Für die Yacht-Vermesser seit ihrer Restaurierung ein Rätsel, ist die *Marilee* eine typische Vertreterin der NY 40-Einheitsklasse. Sie wurde benannt nach der Ehefrau ihres ersten Eigners, Edward I. Cudary, einem Verleger aus Chicago, der mit Frau und Kind in der Bussards Bay segelte, wo auch andere Yachten der Klasse wie etwa die *Chinook*, die *Mistral* und die *Rowdy* zu Hause waren. Während einer Wettfahrt am 5. August 1930 hakte der Baum eines gegnerischen Schiffes bei einer Halse hinter dem Mast der *Marilee* und brachte ihn zu Fall. Dabei vollführte auch sie eine ungewollte Halse, sodass der Eigner über Bord ging und sich drei Rippen brach. Bei eben dieser Regatta erlitt die *Mistral* ebenfalls Mastbruch, und die *Chinook* zerriss ihr Vorsegel. Dabei hatten zuvor bereits etliche Schiffe dieser Einheitsklasse den Beweis für ihre Hochseetauglichkeit geliefert: 1926 gewann die *Memory* von Robert N. Bavier das Bermuda Race, in dem 1928 die *Rugosa II* von Russell Grinnell siegte. 1933 ließ Edward die *Marilee* mit einer Einbaumaschine ausrüsten, um leichter in Häfen einlaufen zu können. Nach dem Tod seiner Frau verkaufte er *Marilee* an C. Brook Stevens, einen Textilunternehmer, der mit der Yacht Fahrten entlang der amerikanischen Küste unternahm.

Edward Stevens, sein Enkel, berichtete von einer Reise im Sommer 1940, als er 18 Jahre alt war: »Wir fuhren die Küste von Neuengland hinunter und hatten Böen

von bis zu 40 Knoten. Skipper Parry ließ niemals reffen … Ich hatte Angst, aber es ist alles gut gegangen …«

Die Schiffe der NY 40-Klasse bewiesen sich vor allem unter extremen Bedingungen. Dank eines Ballastanteils von über 50 Prozent und einer enormen Rumpfbreite krängten sie nicht übermäßig und konnten lange ihre volle Beseglung tragen. Wenn Außenklüver und Topsegel gestrichen waren, segelte das Boot sehr ausgeglichen, und der Rumpf glitt auch in gekrängtem Zustand mühelos durchs Wasser. Nicht von ungefähr nannte man die NY 40 auch die »Fighting Forties«.

1948 verkaufte Stevens die *Marilee* an Loring Washborn aus Greenwich, Connecticut. Dieser wechselte ein Jahr später die Maschine aus und kaufte für seine Yacht, die er bis 1954 behalten sollte, einen neuen Satz Segel. In den folgenden zehn Jahren machte Thomas B. Suttner, seinerzeit Student an der Universität von New York, sie zu seinem Zweitwohnsitz in Larchmont. Suttner takelte die Yacht als Yawl und orderte 1960 bei der Segelmacherei Ratsey eine neue Garderobe. 1964 veräußerte er das Schiff an einen Dr. Alvin A. Blicker aus New York, der es im selben Jahr mit Kunststoff überziehen ließ. Der neue Eigner sollte die *Marilee* 36 Jahre behalten. Dann kaufte sie der NYYC.

Sieben von vierzehn sind noch flott

Sieben der vierzehn zwischen 1916 und 1926 gebauten Yachten der NY 40-Klasse segeln noch immer. Die *Marilee* ist im Besitz des NYYC und lässt sich zu den zahlreichen Regatten klassischer Yachten an der Ostküste melden.

Die erste in Europa war die *Marilee*, heute ist es die *Rowdy*, die bei den Klassikerwettfahrten im Mittelmeer triumphiert.

Die *Chinook*, ex-*Pauline* und später *Banshee* von Henry L. Maxwell erhielt 1929 von Howard F. Whitney ihren alten Namen zurück und wurde 1937 als Yawl geriggt. Später hat sie nacheinander August A. Boorstein, William M. Fulton, James B. Knight und John M. Blomgren gehört. Heute befindet sie sich im Besitz von Dr. George Schimert und ist auf Saint Thomas auf den Virgin Islands stationiert.

Die *Mistral* von Eigner George M. Pynchon, der zuvor schon die 1905 gebaute NY 30 *Neola* sowie die *Istalena*, eine NY 65 aus dem Jahre 1907, besessen hatte, legte mit seiner NY 40 wohl die meisten Seemeilen zurück. Heute gehört sie einem Deutschen und wird in Nordeuropa gesegelt.

Die *Rowdy* blieb bis 1940 Eigentum von Senator Holland S. Duell und seiner Familie. Zwischen 1920 und 1931 gewann sie rund 40 erste Preise. 1941 wurde die Yacht an Frank Linden verkauft, ein Jahr später ging sie an Kenneth W. Martin. Nach dem Zweiten Weltkrieg erhielt das Schiff eine Maschine und wechselte 1948 in den Besitz von Frank Zima. 1950 segelte die *Rowdy* auf den Great Lakes, wo man ihr den Klüverbaum nahm, ihr ein Hochrigg verpasste und den Kiel zur Verringerung des Tiefgangs um 45 Zentimeter reduzierte. Damals gehörte sie George F. Stacy aus Detroit. 1953 wurde Dr. Chaignon Brown ihr Eigner, 1955 Donald Major und 1958 Aurelia Wiggle, eine Ex-Taucherin der Navy. Von 1969 bis 1971 wurde die *Rowdy* in Florida von Frank Wynn gesegelt, danach passierte sie im Besitz von John Barkhorst den Panamakanal und segelte vor Kalifornien. Es gab weitere vier Eigner, bis Chris Madsen von der Blue Whale Sailing School in Santa Barbara die Yacht erwarb und sie von 1998 bis 2002 einer grundlegenden Renovierung unterzog. Seit dem 15. März 2006 liegt die *Rowdy* nun im Mittelmeer und glänzt vor Monaco.

Die *Rugosa II* ist ebenfalls ihr ganzes Leben über gesegelt worden. Halsey C. Herreshoff ließ die Yacht im Jahre 2000 auf einer Werft in Westport, Massachusetts, restaurieren und machte sie zum Flaggschiff des Herreshoff-Museums in Bristol.

Der Rumpf der *Vixen II* und ex-*Jessica*, die 1916 schnellstes Schiff ihrer Klasse war, wurde um dreieinhalb Meter verlängert, 1978 mit Kunststoff überzogen und mit einem Schonerrigg ausgestattet. Sie verdrängt heute doppelt so viel wie in ihrem Baujahr und segelt in den Gewässern von Maine.

Die *Dolly Brown* von Alexander S. Crochan, dem schon der Schoner *Westward* sowie die *Vanitie*, America's Cup-Verteidigerin von 1914 bis 1920, gehörte, wechselte viermal ihren Namen, um 1970 zur *Wizard of Bristol* zu werden. Heute ist sie als Ketsch getakelt und fährt von Hawaii aus in Charter.

Freilich ist die Einheitsklasse auch nicht von Havarien verschont geblieben. Allein vier Yachten sind gesunken und liegen heute vor der amerikanischen Küste auf Grund. Die *Shawara* von F. T. Bedford war bei der Rückkehr vom Gibson Island Race 1933 in einem Sturm vor Cape May, New Jersey, untergegangen, die siebenköpfige Mannschaft konnte von dem Tanker *Yorba Linda* gerettet werden. Die NY 40 *Black Duck* und ex-*Memory* sank 1955 in einem Sturm vor Block Island. Die *Typhoon* sank 1959 ebenfalls vor Cape May, als sie von ihrem Eigner Francis Branin nach Oxford, Maryland, ins Winterlager überführt werden sollte. Diese Yacht war als *Maisie* für Vater (Commodore des Larchmond YC) und Sohn Plant gebaut worden, welche den

Das Deckslayout der *Rowdy* unterscheidet sich zwar von dem der *Marilee*, aber die Rümpfe aller NY 40er wurden bei Herreshoff Manufacturing Company in Bristol in Serie gebaut (links).

Die Inneneinrichtung blieb dem Geschmack des Eigners überlassen. Die Pantry der *Marilee* liegt beim Mastfuß (oben Mitte) bei der *Rowdy* dagegen direkt am Niedergang (unten rechts).

Obwohl fürs Regattasegeln konzipiert, sollten die NY 40er auch fahrtentauglich sein; sie sind entsprechend komplett und raffiniert ausgestattet.

Das Unterwasserschiff ist für die Gleitfahrt konzipiert, und so liebt eine NY 40 die achterlichen Winde. Dann wird der Spinnaker am Masttopp angeschlagen (linke Seite).

Schoner *Elena* und die Motoryacht *Parthenia* besessen hatten. Und auch die *Squaw*, 1953 von den Gebrüdern McNeil in *Blue Smoke* umgetauft und als Yawl geriggt, musste als Verlust gemeldet werden: Sie sank 1970 vor der Hafeneinfahrt von Nassau.

Die unterschiedlichsten Schicksale

Die NY 40 *Katherine* hat ihren Namen bis 1974 behalten, als sie im Auftrag von Eigner L. Levingson aus New York auf der Jacobson-Werft in Oyster Bay abgebrochen wurde. Ihr Rigg ziert heute die *Rugosa II* von Halsey Herreshoff.

Die 1936 als Yawl geriggte und mit einem Motor ausgerüstete *Pamparo* wechselte nach dem Zweiten Weltkrieg unter dem Namen *Traveller* nach Kalifornien. 1955 gehörte sie Lyle Allen und lag im Hafen von Honululu. Drei Jahre später wurde sie von Frederick L. Stowell aufgekauft. Zwischen 1969 und 1971 tauchte sie als »herrenloses« Schiff auf, danach verschwand sie aus Lloyd's Register.

Die *Zilph* erhielt bereits 1925 ein Yawlrigg und eine Maschine und wurde später in *Dolly Brown*, *Iris* und *Marjee* umbenannt. Ihre Spuren verloren sich während des Zweiten Weltkriegs.

Heute gäbe es genügend Interessenten, die sich für den Erhalt der einen oder anderen NY 40 engagieren würden, und die noch segelnden Exemplare werden nicht so bald von der Bildfläche verschwinden. Bleibt die Frage, warum sich niemand dafür einsetzt, die sechs oder sieben Schiffe wieder einmal gegeneinander antreten zu lassen, wie einst in den 1920er-Jahren!

Verwirbelungen durch das Unterwasserschiff (oben). Die *Rowdy* hat 1941 den NYYC verlassen und kreuzt heute unter dem Stander des Yacht Club de Monaco im Mittelmeer.

Technische Daten

Name: *Marilee*
Konstrukteur: Nathanael Greene Herreshoff
Werft: Herreshoff Manufacturing Company, Bristol, Rhode Island
Vermessung: Einheitsklasse NY 40 des New York Yacht Club
Stapellauf: 1926, Design von 1916
Erster Eigner: Edward I. Cudahy
Restaurierung: 2001
Werft der Restaurierung: William Cannell, Camden, Maine
Bauweise: Red Pine auf Amerikanischer Weißeiche

Lüa: 19,80 m
LüD: 17,98 m
LWL: 12,19 m
Breite: 4,39 m
Tiefgang: 2,44 m
Ballast: 11 t
Verdrängung: 21,7 t
Segelfläche am Wind: 200 m²

Decksplan

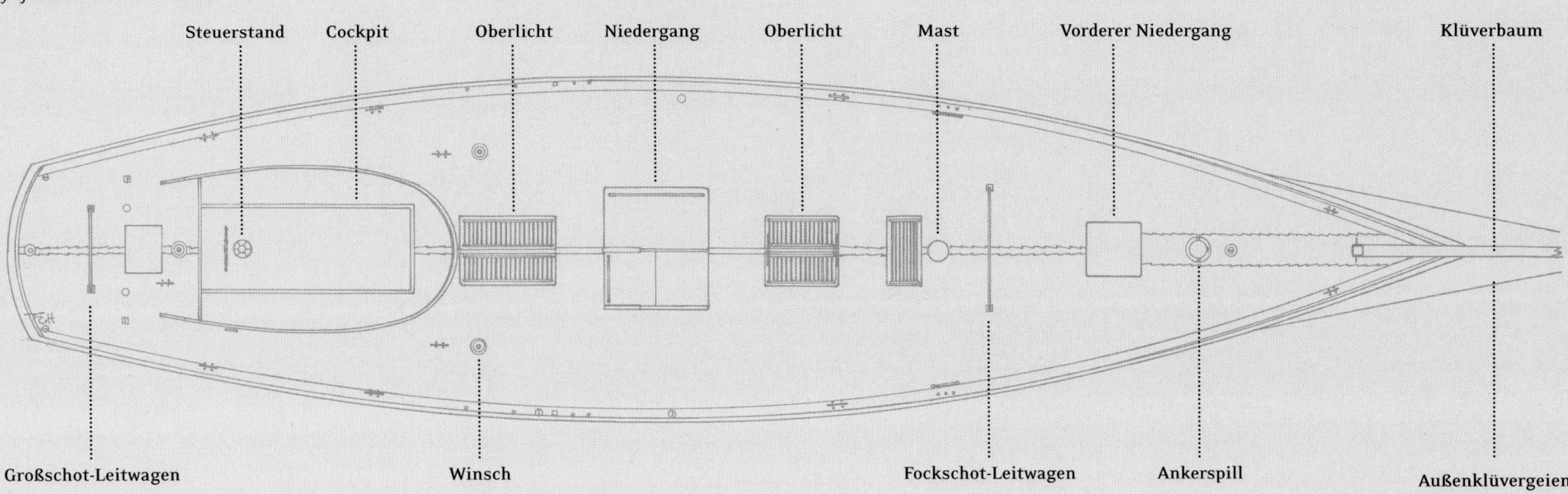

Backbord

Steuerstand Cockpit Oberlicht Niedergang Oberlicht Mast Vorderer Niedergang Klüverbaum

Großschot-Leitwagen Winsch Fockschot-Leitwagen Ankerspill Außenklüvergeien

Steuerbord

Einrichtungsplan

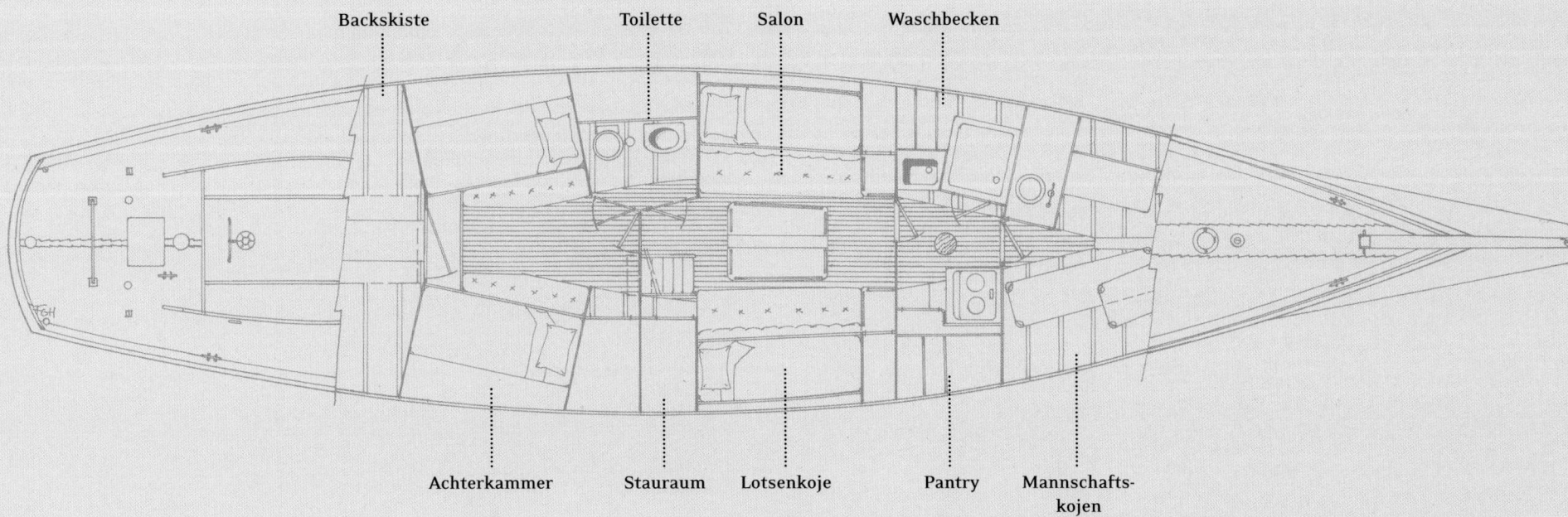

Backskiste Toilette Salon Waschbecken

Achterkammer Stauraum Lotsenkoje Pantry Mannschafts-kojen

Linienriss

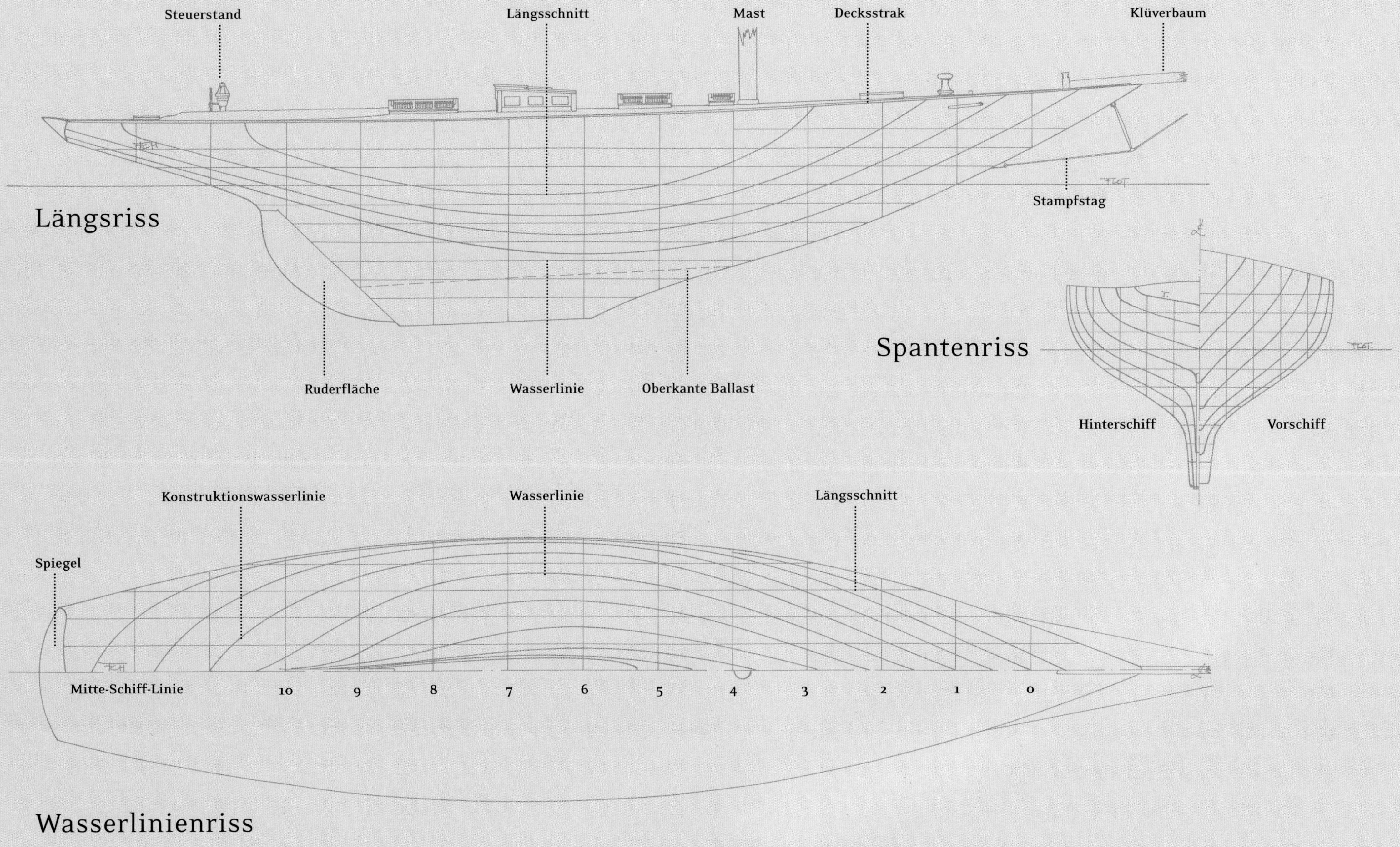

Längsriss

Steuerstand

Längsschnitt

Mast

Decksstrak

Klüverbaum

Stampfstag

Ruderfläche

Wasserlinie

Oberkante Ballast

Spantenriss

Hinterschiff

Vorschiff

Konstruktionswasserlinie

Wasserlinie

Längsschnitt

Spiegel

Mitte-Schiff-Linie

10 9 8 7 6 5 4 3 2 1 0

Wasserlinienriss

Partridge

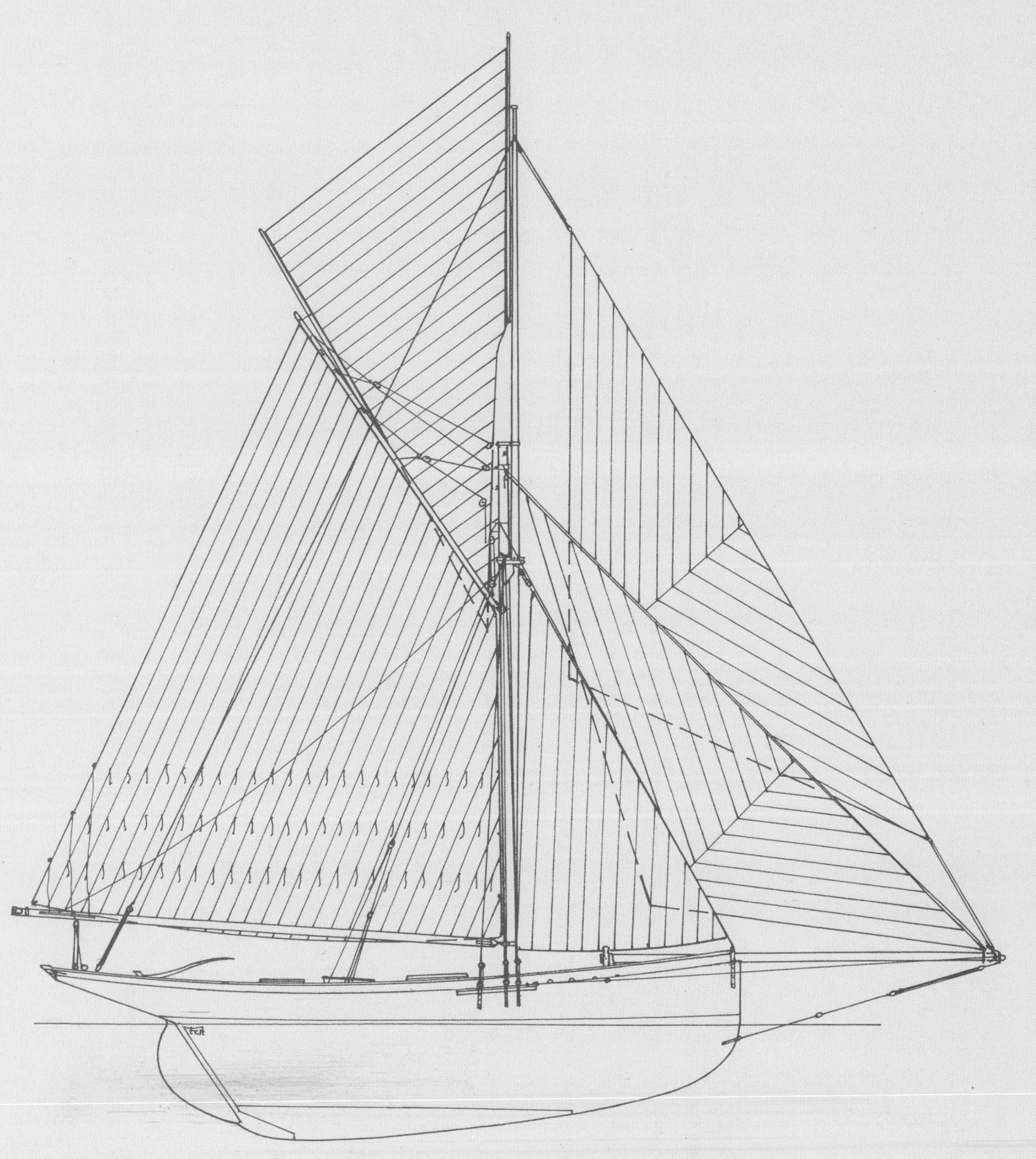

Nur wenige der Ende des 19. Jahrhunderts in England gebauten Kutter haben bis heute überdauert. Die *Partridge* zählt neben der *Marigold* und der *Germaine* zu den einzigen noch erhaltenen dieser Schiffe, die sich auf Solent und Clyde tummelten und den amerikanischen Yachtbau revolutionieren sollten. Glücklicherweise haben sich einige Eigner bereitgefunden, in die Restaurierung von Yachten zu investieren, die ganz von der Bildfläche zu verschwinden drohten. Im Fall der von John Beavor-Webb gezeichneten und 1884 bei Camper & Nicholsons gebauten *Partridge* hat sich Alex Laird engagiert, die Restaurierung der *Marigold* (1892 ebenfalls bei Camper & Nicholsons gebaut) wurde von Greg Powlesland in Angriff genommen, und die dritte im Bunde ist die 1882 bei Camper & Nicholsons konstruierte Yawl *Germaine*, die erst unlängst zur Instandsetzung auf eine Werft in Lowestoft an der englischen Ostküste transportiert wurde.

Im 19. Jahrhundert wurden die Längen britischer Segelyachten vom Ruder bis zum Bug gemessen, was die bevorzugte Konstruktion gerader Vordersteven und enormer Hecküberhänge erklärt.

Als die *Partridge* gebaut wurde, drückte Charles E. Nicholson noch die Schulbank, und sein Vater Benjamin, genannt Ben (1828–1906), leitete die Werft und das Zeichenbüro. Vor der *Partridge* hatten die Brüder Baillie schon andere, bei Camper & Nicholsons gebaute Yachten ihr Eigen genannt: 1878 besaßen Richard und J. H. Baillie die 60-Tonnen-Yawl *Mallard*, 1882 fand der Stapellauf des großen Kutters *Dandelion* statt, der Richard allein gehörte und von John Beavor-Webb (1848–1927) gezeichnet worden war. Dieser irischstämmige Konstrukteur hatte sein Handwerk bei Dan Hatcher gelernt und bereits mit seinem ersten eigenen Entwurf, dem 20-Tonner *Freda*, die die Regattasaison 1880 beherrschte, Furore gemacht. 1883 erhielt er mehrere Aufträge von Amerikanern, darunter war auch Edward Burgess (1848–1891), ein zukünftiger Konkurrent, der ebenfalls America's Cup-Yachten konstruieren sollte. Für ihn zeichnete er den zwölf Meter langen Kutter *Butterfly*, mit dem sein Eigner an der englischen Südküste segelte. Die erste von Burgess entworfene Yacht, die *Rondina*, die ein Jahr später bei Lawlay & Son in den USA gebaut wurde, orientierte sich noch vornehmlich an den Linien der *Butterfly* ... Doch Burgess lernte dazu, und die beiden von ihm entworfenen America's Cup-Herausforderer *Puritan* und *Mayflower* von 1885 bzw. 1886 sollten die beiden Schiffe von Beavor-Webb, die *Genesta* und die *Galatea*, bei den Ausscheidungen schlagen.

Die Gebrüder Baillie allerdings träumten nicht von Regattaerfolgen, sondern vom Fahrtensegeln. 1884 orderten sie bei ihrem Lieblingskonstrukteur zwei Schwesterschiffe: J. H. Ballie die kuttergeriggte *Partridge* und Bruder Richard H. die Yawl *Polyanthus*, die beide bei Camper & Nicholsons gebaut wurden.

Richard behielt seine Yacht nur zwei Jahre. Ihr nächster Eigner Alexander H. Edmonds verpasste ihr ein Kutterrigg und den Namen *Cruiser* und integrierte sie in seine aus den beiden Dampfyachten *Adeline* und *Iris* sowie dem 2-Tonner *Oxbird* bestehende Flotte. Später segelte die *Cruiser* unter dem Namen *Chiquita*. Merkwürdig ist allerdings, dass die 1992 von William J. Collier zusammengestellte Liste der bei Camper & Nicholsons gebauten Schiffe vier gleiche Yachten aus dem Jahr 1884 enthält. Dies sind neben der *Partridge* die *Polyanthus*, die *Cruiser* und die *Rupee*. In der 2001 veröffentlichten Dokumentation über die Werft, geschrieben von dem Historiker Ian Dear, werden drei von John Beavor-Webb gezeichnete namens *Polyanthus*, *Cruiser* und *Partridge* eäwhnt. Ein Studium der Archive von Chevalier-Taglang bringt Informationen über unterschiedliche Listen und Daten zutage, und wer in der Hunt's Universal Yacht List und im Lloyd's Register of Shipping blättert, der erfährt zweifelsfrei, dass die beiden Baillie-Brüder die Schwesterschiffe *Polyanthus* und *Partridge* geordert hatten, die spätere Eigner in *Cruiser* und *Rupee* umtauften.

Die *Partridge* braucht schon ein bisschen mehr Wind, um ihre volle Leistung zu zeigen (linke Seite).

Bei voller Besegelung kommt das gedrungene Schiff ganz gut in Fahrt, wie die Bugwelle beweist (rechts).

Die seltene Perle

Die Geschichte der Wiedergeburt der *Partridge* mag, wie so manche Story über die Restauration klassischer Yachten, wie ein Märchen klingen. Der junge Alex Laird, Lehrling auf der Fairay-Werft in Cowes, erhielt eines schönen Tages im August 1980 einen Brief von seinem einzigen Onkel, Peter Saxby. Der Inhalt lautete vielversprechend: »Ich möchte wissen, was du davon hältst: Wir kaufen eine alte Yacht, und du renovierst sie.« Gäbe es einen schöneren Traum für einen 19-Jährigen, dem die Reparatur der Dienstbarkassen aus Polyester zum Halse heraushängt? Das gute, alte Bootsbauhandwerk mit edlen Materialien erschien Alex als ideale Alternative. So machte sich der junge Mann auf die Suche nach einer Yacht, wie er sie in Cowes sicher nicht hätte finden können. Doch gab es an der englischen Ostküste nicht einige versandete Flüsse, in denen Rümpfe überdauerten, die gerettet werden wollten?

Am Ende der viertägigen Recherche entlang der gewundenen Küstenlinie von Essex wurden Alex und sein Freund Chris Tomsett in Tollesbury am Flüsschen Blackwater fündig, wo sie im Schlick einen eleganten, schwarzen Rumpf entdeckten: definitiv eine Antiquität, die sie geradezu um Rettung anflehte. Die sollte es sein, und keine andere! Die Gefährten machten sich kundig und erfuhren von einem ansässigen Broker, dass man zumindest drei Jahre benötigen würde, um das Wrack wieder flottzumachen. Eine Ewigkeit! Aber der Eigner erklärte sich bereit, ihnen das, was von der Segelyacht übrig geblieben war, für ganze 400 Pfund Sterling zu vermachen! Und so kehrte ein neuer Yachteigner nach Cowes zurück, den Kopf voll mit atemberaubenden Plänen und schier endlosen Aufstellungen.

Begegnung zwischen *Partridge* und *Thelma* (A. Logan, 1897). Die Nagelbank, der nachempfundene Kronenknoten am Ende der Pinne, der Jufferblock, das Laternenbrett mit dem Schiffsnamen, die Lüftungshutze, die Klüse für die Ankerkette - für fast jedes Teil an Bord gibt es einen Fachausdruck.

Eine lange Geschichte

Einen Monat später war der Rumpf aus dem Schlick geborgen und nach Tollesbury geschleppt. Dorthin kam Dennis Debbage mit einem 25-Tonnen-Kran und holte das Schiff aus dem Wasser. Schon zwei Tage später thronte es im Garten der Eltern des Alex Laird in Shalfleet auf der Insel Wight.

Zur Geschichte des Bootes fanden die neuen Eigentümer nur wenige Hinweise: Es hieß damals *Tanagra*, und in einen Deckbalken war der Name »Harris« und das Jahr 1885 geritzt.

Die Nachforschungen begannen. Der Name *Tanagra* tauchte im Lloyd's Register von 1923 auf, im Anhang fand man Informationen zum Verkauf der Yacht an einen Belgier und zur Umwandlung in ein Hausboot.

Tatsächlich hatte es einen L. H. F. Damen aus Burnham-on-Crouch, Essex, gegeben, der die Yacht 1921 mit dem Namen *Pollie* kaufte. Für die Zeit davor und bis 1890 fand man mehr als zehn verschiedene Eigner, noch früher hatte ein gewisser Albert Wood die Yacht *Pollie* genannt. Einer der Eigentümer des Schiffes vor dem Ersten Weltkrieg war Ebenezer Southgate aus Brightlingsea (zwischen Burnham und Tollesbury gelegen) gewesen, dem schon der Kutter *Marigold* gehörte hatte, der ebenfalls aus viktorianischer Zeit bis in die unsere gerettet werden konnte. Davor gehörte die *Pollie* der Familie Goldsmid aus London, die die Yacht an Southgate verkauft hatte. Der Name Harris, eingeritzt in einen Decksbalken, ist dagegen mit dem Londoner Henry Bunster Harris, Mitglied des Royal London YC, in Verbindung zu bringen, der die *Pollie* rund zehn Jahre um die Jahrhundertwende sein Eigen nannte. Zuvor firmierte die Yacht - aus Spaß oder Spott in Anlehnung an die indische Währung - unter *Rupee.* Und schließlich war es Charles P. Henderson, der diese Yacht 1886 und nach dem Verkauf seiner *Zephyr* von Baillie erworben hatte, um sie 1888 an Francis Fitzpatrick Tower weiterzuveräußern.

Damit schlossen sich die Wissenslücken: Die *Partridge* war also 1883 von J. H. Baillie bei John Beavor-Webb in Auftrag gegeben und fünf Monate später bei Camper & Nicholson gebaut worden. Damals schrieb sich der Name noch in Einzahl - die Brüder Charles und Benjamin übernahmen den väterlichen Betrieb erst 1895 und nannten sich fürderhin Camper & Nicholsons ... Der Stapellauf der *Partridge* jedenfalls fand am 2. Juni 1884 statt, und die Taufe übernahm Miss Nora Lapthorn, Tochter von Edwin Lapthorn, dem Partner von Ratsey und Miteigentümer der berühmten Segelmacherei aus Gosport. Hier sollten die Brüder Baillie alle ihre Segelyachten ausrüsten lassen.

Nachdem die Identität der Yacht zweifelsfrei geklärt war, ließ man die *Partridge* unter ihrem ursprünglichen Namen und dem Heimathafen Southampton registrieren. Zwar hat die Werft kaum noch Unterlagen aus dem vorvorigen Jahrhundert archiviert, doch in der Urkundensammlung der Versicherungsgesellschaft wurde man fündig: Dort fand man die entsprechenden Zertifikate sowie einen Schnitt in der größten Breite der Yacht sowie eine Auskunft über die Materialstärken.

Die Geburt eines Meisterstücks

Für den jungen Laird war es unvorstellbar, die Arbeiten an der Yacht ohne eine praktische wie theoretische Ausbildung im klassischen Holzbootsbau anzugehen. Auf Kosten seines Arbeitgebers begann er einen entsprechenden Lehrgang auf der Fachhochschule in Newport. Ein Jahr lang belegte er Kurse im Bootsbau, danach studierte er drei Jahre lang Schiffbau in Southampton. Derweil wartete die *Partridge* in einem Schuppen im Garten und trocknete derart aus, dass man durch die Plankengänge sehen konnte.

Nach Abschluss seiner Ausbildung begann Alex Laird mit der Rekonstruktion der Linien und erstellte unter Berücksichtigung der originalen technischen Dokumente Schnitte und Bauzeichnungen. Nun waren die Voraussetzungen für die Restauration geschaffen, für die Laird mehrere Jahre benötigte, weil er parallel auch seinem Broterwerb nachgehen musste. Es handelte sich bei den Arbeiten glücklicherweise größtenteils um eine Wiederherstellung der noch vorhandenen, wenn auch stark verrotteten Strukturen und nicht um einen Neubau. Doch mit der Restaurierung des Kutters konnte und wollte sich Alex Laird nicht zufriedengeben. Als Mitarbeiter von Sotheby's initiierte er dort die heute gängige Auktion klassischer Yachten, deren erste Veranstaltung Greg Powesland zum nötigen Kapital für die Renovierungsarbeiten an der von Charles E. Nicholson konstruierten *Marigold* verhalf.

1987 waren die Arbeiten am Rumpf der *Partridge* abgeschlossen, und die Yacht wurde auf das Gelände des Hythe Marine Service nach Southampton verlegt, doch es sollte weitere zehn Jahre dauern, bis das Schiff wieder segelklar war. Über 17 Jahre währten Geduld und Leidenschaft, dann erst war das Meisterstück vollendet. Heute geht Alex Laird seiner Passion in La Ciotat nach, wo er einen Betrieb für Renovierung und Restauration klassischer Yachten führt, zu dessen Aushängeschild die *Partridge* geworden ist.

Technische Daten

Name: *Partridge*
Konstrukteur: John Beavor-Webb
Werft: Camper & Nicholson, Gosport
Takelung: Gaffelkutter
Typ: Cruiser-Racer
Stapellauf: 2. Juni 1884
Erster Eigner: J. H. Baillie
Weitere Namen: *Rupee, Pollie, Tanagra*
Restaurierung: 1980–1997
Werft der Restaurierung: Alex Laird, Hythe Marine Service, Southampton
Projektmanager: Alex Laird
Bauweise: Red Pine und Teak auf Eiche

Lüa: 21,90 m
LüD: 15,08 m
LWL: 12,80 m
Breite: 3,33 m
Tiefgang: 2,60 m
Ballast: 5 t, Blei
Verdrängung: 28 t
Segelfläche am Wind: 195 m²

Decksplan

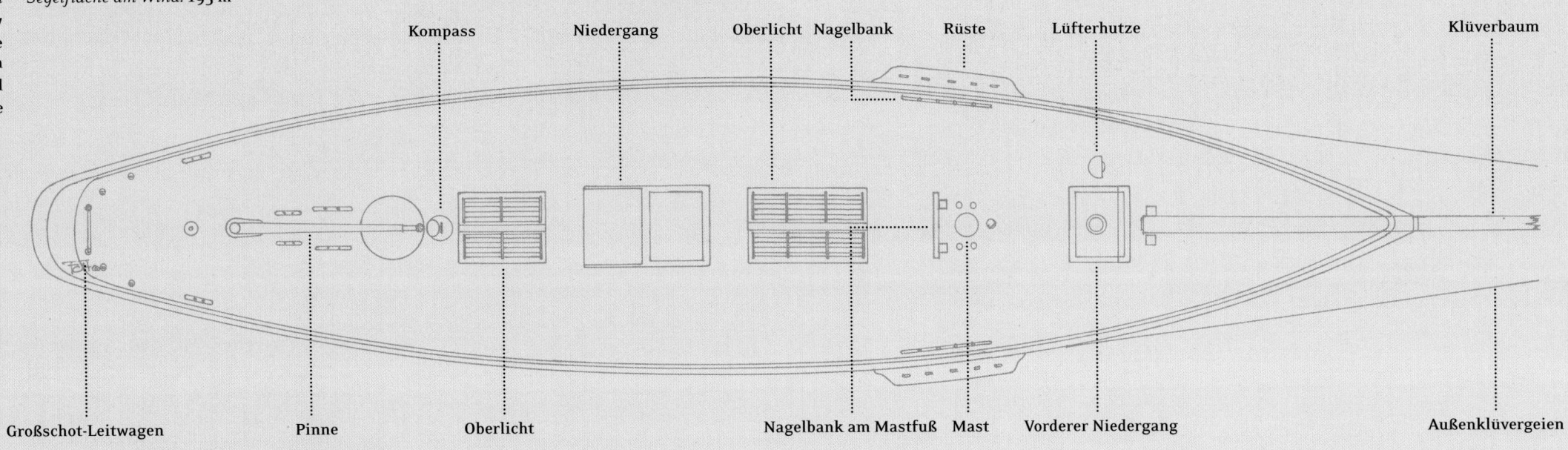

Kompass — Niedergang — Oberlicht — Nagelbank — Rüste — Lüfterhutze — Backbord — Klüverbaum

Großschot-Leitwagen — Pinne — Oberlicht — Nagelbank am Mastfuß — Mast — Vorderer Niedergang — Steuerbord — Außenklüvergeien

Einrichtungsplan

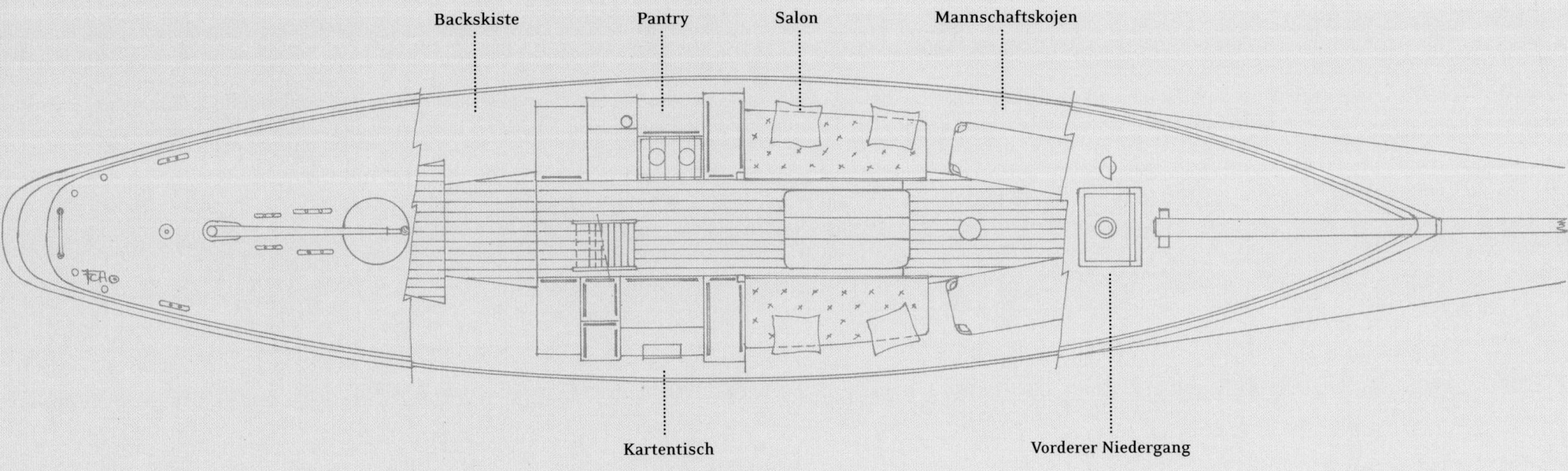

Backskiste — Pantry — Salon — Mannschaftskojen

Kartentisch — Vorderer Niedergang

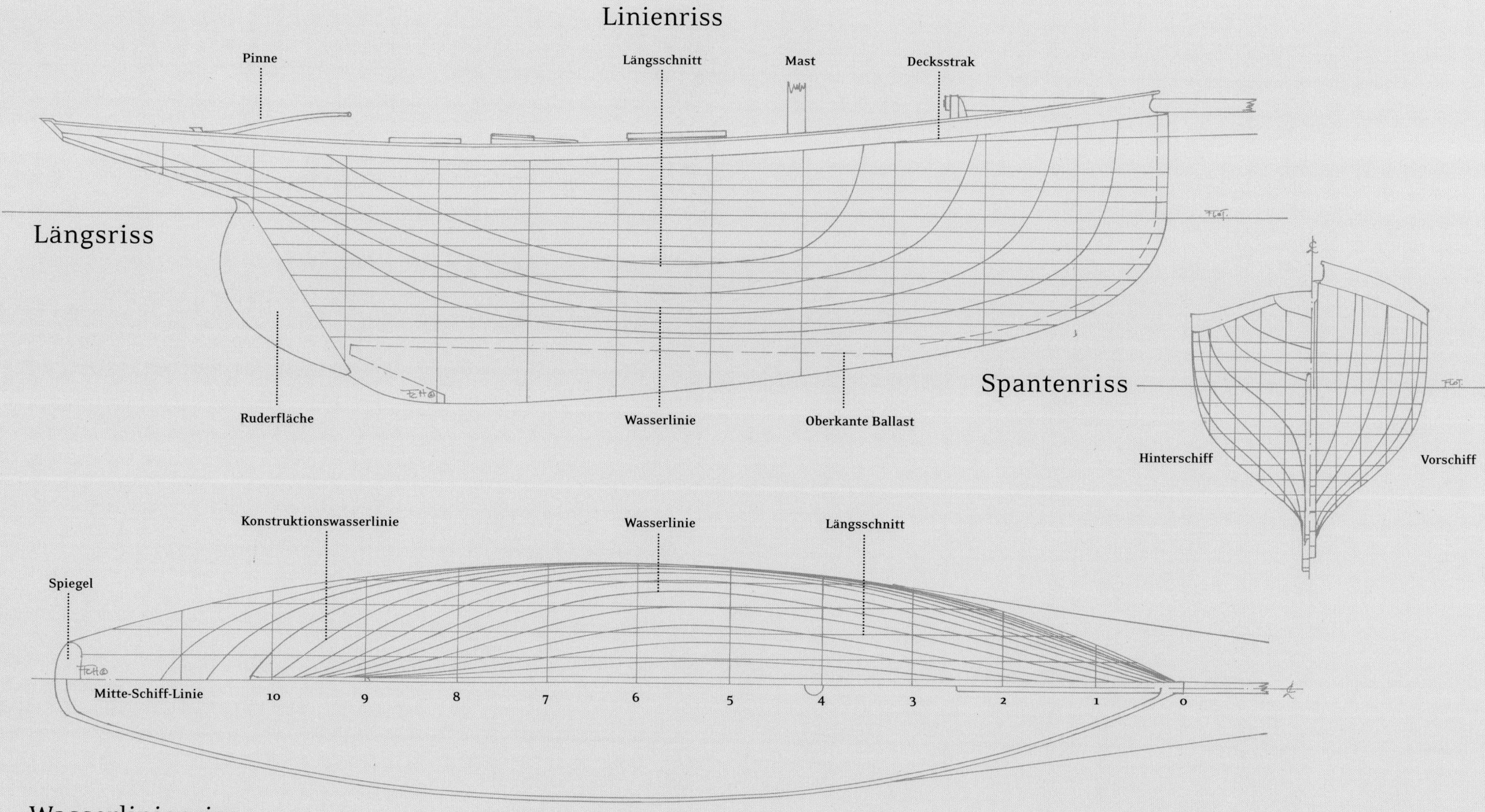

Linienriss

Pinne

Längsschnitt   Mast   Decksstrak

Längsriss

Ruderfläche

Wasserlinie   Oberkante Ballast

Spantenriss

Hinterschiff   Vorschiff

Konstruktionswasserlinie   Wasserlinie   Längsschnitt

Spiegel

Mitte-Schiff-Linie   10   9   8   7   6   5   4   3   2   1   0

Wasserlinienriss

Shamrock V

Am Nachmittag des 18. September 1930 ging bei der vierten Wettfahrt des America's Cup vor Newport wiederum die *Enterprise* als erste über die Ziellinie. Die herausfordernde *Shamrock* von Thomas Lipton war damit geschlagen, wie in den Jahren davor bereits die vier gleichnamigen Vorgängerinnen. Eine ganze Meile lag die Verliereryacht achteraus, und wieder einmal war es nicht zu dem ersehnten Kopf-an-Kopf-Rennen der beiden Yachten der J-Class gekommen. Nach fünf Versuchen in 34 Jahren gelang es Sir Thomas Lipton nur schwer, seine Enttäuschung zu verbergen. Beim Zieldurchgang der *Shamrock V* näherte sich die 91,50 Meter lange Motoryacht *Erin* der *Enterprise,* und Liptons Crew ließ den Sieger dreimal hochleben. Auch dieses Mal hatte es leider nicht gereicht, die »alte Tradition« zu brechen.

Wer nach einer Regatta mit J-Class-Yachten wie der *Shamrock V* in den Hafen von Saint-Tropez einläuft, wird die unvergleichliche Atmosphäre nicht so schnell vergessen.

Auf dem Wasser wimmelte es von brechend vollen Ausflugsbooten, Beibooten, kleineren Motoryachten und vor allem Segelyachten aller Größen, unter denen sich etliche Mitglieder des New York Yacht Club wie etwa die 104 Meter lange *Corsair* der Familie Morgan, die *Nourmahal* (80 m) der Astors, die *Hi-Estamo* (81 m) der Manvilles oder die *Aloha*, eine 66-Meter-Yacht der James befanden, die alle diesen Sieg feierten.

Zehn Jahre waren ins Land gegangen seit dem letzten America's Cup, dieser ältesten Segelsporttrophäe der Welt, und Sir Thomas Lipton hatte sich seit 1899 um den Gewinn der »Silberkanne« bemüht. Allein zwecks Einigung auf einen von allen Seiten akzeptierten Austragungsort war ein umfangreicher Briefwechsel zwischen dem New York Yacht Club und dem Herausforderer nötig gewesen, dazu eine ordentliche Portion Gleichmut und Humor, um all die Bedingungen des Pokalverteidigers zu erfüllen. Am 29. Mai 1929 gab Lipton eine Yacht in Auftrag, die voll den Regeln der J-Class und damit der vom NYYC vorgegebenen Vermessung entsprach, und damit der im Jahre 1903 von Nathanael Herreshoff entwickelten Universal Rule. Danach musste die herausfordernde Yacht über eine Wasserlinienlänge von 22,80 bis 26,50 Meter verfügen und hinsichtlich der Bauweise den Anforderungen von Lloyd's Register entsprechen. Außerdem sollten die Wettfahrten vor Newport stattfinden. Gemäß Reglement siegte die Yacht, die als erste vier Siege verbuchen konnte. Allerdings unterschied sich die amerikanische Universal Rule – »universelle Vermessung« – von der echten International Rule, denn sie schrieb eine Segelfläche vor, die unabhängig von der LWL nur um maximal fünf Prozent variieren durfte, um im Gegenzug eine hohe Bandbreite von Verdrängungen, nämlich von 120 bis 160 Tonnen, zu erlauben.

Nachdem seine Herausforderung offiziell angenommen worden war, beauftragte Sir Thomas Lipton den Konstrukteur Charles E. Nicholson mit dem Entwurf für die *Shamrock V*. Da man wusste, dass im September vor Newport mittlere Winde vorherrschen würden, entschied man sich für eine Yacht mit einer Wasserlinienlänge von 24,40 Metern und einer Verdrängung von 134 Tonnen, was den technischen Daten der Pokalverteidigerin *Enterprise* sehr nahe kam.

Shamrock V – die erste englische J-Klasse-Yacht

Die neue *Shamrock* lief am 14. April 1930 in Gosport vom Stapel und wurde von Lady Shaftesbury getauft. Wenige Stunden später sollte übrigens auch *Enterprise* zu Wasser gehen ... Alle Welt schaute bewundernd auf die elegante Linienführung der neuen »J« von Sir Thomas. Die entsprechend der amerikanischen Vermessungsregel geringe Scherung verwirrte die Anhänger bauchiger Rümpfe, wie sie die International Rule bevorzugte. Schließlich hatte Nicholson seinem Entwurf eine sehr persönliche Note verpasst, und so erklärte er einem fragenden Journalisten in aller Seelenruhe: »Die Yachtkonstruktion ist eher eine Kunst denn eine Wissenschaft, und so wird es auch bleiben. Die Mathematik wird diese Kunst nicht revolutionieren. Wir zeichnen immer neue Linien, doch die Geschwindigkeit einer Yacht hängt nicht nur von der Harmonie ihrer Linien, sondern auch von der Segelfläche, vom

Der profilierte Aluminium-Großbaum der *Shamrock V* ist von dem legendären, aus Sperrholz gebauten Park Avenue-Baum der *Enterprise*, Cup-Verteidigerin von 1930, inspiriert (linke Seite).

Zwei restaurierte Yachten mit nur zwei Jahren Altersunterschied: vorn *Shamrock V*, dahinter *Cambria* (rechts).

Schnitt der Segel, vom Wind und von der Ausführung der Manöver ab.« Was werden bloß die amerikanischen Konstrukteure von dieser Auffassung gehalten haben? Sie waren jedenfalls sehr viel naturwissenschaftlicher orientiert als ihre europäischen Kollegen, sie rechneten, testeten die Haltbarkeit von Materialien, unternahmen Versuche in Schlepptanks und Windkanälen und bezogen die Ergebnisse in ihre Berechnungen ein. In seinen Memoiren erinnert sich John Nicholson, Sohn von Charles und während der Regatten 1930 in Newport zugegen, an einen Nachmittag, den er zusammen mit dem Konstrukteur Edward Burgess an Bord der *Erin* verbrachte, und an die nicht endende Mathematikstunde, die er dort erhalten und von der er nur wenig begriffen hatte. Da stießen Welten aufeinander!

Der Rumpf der *Shamrock V* ist in Kompositbauweise – Holz auf Eisen geplankt – ausgeführt, die Kielsektion besteht aus Ulmenholz, der Bug, Achtersteven und Fußreling aus Teak. Durch den 80-Tonnen-Bleiballast führt ein Schwertkasten, in dem ein säbelförmiges Ballastschwert aus mit Bronze beschlagenem Teakholz gefahren wird. Die 70 Eisenspanten wachsen aus dem Kielschwein heraus, die Festigkeit der Bordwand wird durch diagonal und über Kreuz laufende Eisenstringer gewährleistet, die im Bereich des Mastfußes sogar aufgedoppelt sind. Das Deck aus heller Kiefer ist auf Decksbalken aus Eisen verlegt. Die Außenhautplanken aus Mahagoni sind dreieinhalb Zentimeter dick und waren einst grün gestrichen – gemäß der »Nationalfarbe« des Iren Lipton. Der 49,40 Meter hohe Mast besteht aus etwa 15 aneinander geschäfteten Abschnitten aus Rottanne (Spruce). Die Wanten gehen in Püttinge über, die aufgrund der geringen Decksbreite, die nicht ausreichend Seitenstabilität geboten hätte, auf Schlitten montiert sind.

Bevor die *Shamrock V* England verließ, absolvierte sie eine Serie von 22 Wettfahrten, die mit 14 Siegen und vier zweiten Plätzen endete. Die englischen Beobachter zeigten sich angesichts dieser Resultate begeistert und schienen darüber allzu schnell die Bedingungen vergessen zu haben, unter denen diese zustande gekommen waren. So hatte die Yacht von Lipton bei den ersten sechs Regatten im Vergleich zu den größeren Konkurrentinnen *Lulworth*, der 23-m-R-*Shamrock*, der *White Heather*, der *Candida*, *Astra* und *Cambria* eine äußerst günstige Vermessung erhalten, die später korrigiert wurde. Außerdem war *Shamrock V* mit einem Hohlmast und einem säbelförmigen Mittelschwert ausgestattet, und der Innenausbau reduzierte sich auf das absolut Notwendige. All dies war nach den Regeln verboten. Und schließlich war die Yacht dank ihres enormen Bermudariggs zwar bei achterlichen Winden sehr schnell, doch segelte sie an der Kreuz nicht besonders viel Höhe und fing an zu stampfen, was sich zuerst auf der Clyde-Regatta bei leichten Winden zeigte.

Die Gegner der *Shamrock V*

1929 gab es in Amerika bereits drei Yachten der J-Klasse. Da segelte zum einen die *Blackshear* und ex-*Katoura*, die 1927 von Burgess konzipiert war und regelmäßig gegen die M-Klasse antrat, sowie die gaffelgetakelten *Vanitie* und *Resolute*, die 1914 und 1920 in den America's Cup involviert waren und seit 1926 ein Schonerrigg tru-

gen. Im August 1928, als die *Resolute* von der *Vanitie* geschlagen wurde, entschloss sich Eigner E. Walter Clark, erstere als Bermudaslup zu takeln. Harry Payne Whitney verkaufte darauf die *Vanitie* an Gerard B. Lambert, den Eigner des Schoners *Atlantic*. Im Winter 1929 erhielten beide Yachten ein Bermudarigg, die eine von Nathanael Herreshoff, die andere von W. Starling Burgess, und erfüllten damit die Kriterien der J-Klasse. Die drei Einheiten boten den Konstrukteuren zukünftiger Cup-Verteidiger ausreichend Möglichkeiten, ihre Hypothesen in praxi zu überprüfen und gegebenenfalls zu revidieren.

Die von Sir Thomas Lipton im Mai 1929 ausgesprochene Herausforderung fiel in die Zeit einer ganz besonderen Stimmung in der damaligen Segelszene an der Ostküste. Die Ergebnisse der sämtlich mit einem Bermudarigg ausgestatteten Yachten der M-Class bestimmten die Konzeptionen auch für die J-Class. Doch standen viele Konstrukteure erfolgreicher Schiffe zur Auswahl – Charles Mower (M-Class *Windward*), Junius S. Morgan, Sherman Hoyt, William Starling Burgess (zeichnete die M-Class *Prestige* von Harold S. Vanderbilt), L. Francis Herreshoff, der mit der *Istalena* die letzte Vertreterin der M-Class entwarf, sowie John G. Alden, der für Erfolge in der Q-Klasse bekannt war.

Während Sir Thomas Lipton der einzige Herausforderer blieb, konstituierten sich zur Verteidigung des America's Cup vier amerikanische Syndikate – zwei davon bereits im Mai 1929 im Rahmen des NYYC sowie auf Initiative von Winthrop W. Aldrich und Harold S. »Mike« Vanderbilt respektive Junius S. Morgan und George Nichols, die anderen beiden im Herbst des Jahres, als die New Yorker Landon K. Thorne und Paul Lyman Hammond sowie der Bostoner Chandler Hovey den Bau von zwei Yachten der J-Klasse ankündigten. Im Juli 1929 bestätigte Junius S. Morgan gar den Bau zweier Schiffe, worüber wir später mehr erfahren ...

Thorne und Hammond bestellten L. Francis Herreshoff zum Konstrukteur ihrer *Whirlwind*, die bei George Lawley & Son Corp. gebaut und am 7. Mai 1930 anlässlich ihres Stapellaufs von Mrs. Phoebe Thorne getauft wurde. Mit ihrer Länge von 26,20 Metern und einer Verdrängung von 158 Tonnen war sie das längste und das schwerste Schiff der amerikanischen Flotte und zudem die einzige J-Class in Kompositbauweise. Die Rumpfform mutete mit dem spitz zulaufenden Heck sehr originell an, und ihr Rigg war für eine Genua konzipiert, was ebenfalls neu war in dieser Klasse. Und Herreshoff ersann weitere Innovationen: So ließ er etwa im Masttopp ein elektrisches Gerät zum Messen von Richtung und Stärke des scheinbaren Windes anbringen.

Zum Syndikat der Segler aus Boston gehörte der Konstrukteur Frank C. Paine, Sohn des General Paine, der an drei erfolgreichen Cup-Verteidigungen zwischen 1885 bis 1887 teilgenommen hatte, und Bruder des Konstrukteurs der erstaunlichen Yacht *Jubilee* von 1893. Die Linien der *Yankee* wurden von Paine für einen leistungsfähigen Eisenrumpf ausgelegt, der allerdings auch nicht zu lang sein durfte, um mit der vorgegebenen Segelfläche auszukommen. Die *Yankee* war mit 6,85 Metern die breiteste der 1930 vom Stapel gelaufenen J-Klasse-Yachten. Auf ihrem Eisendeck wurde ein Kiefernstabdeck verlegt, der Schergang war aus Bronze. Der Stapellauf erfolgte drei Tage nach dem der *Whirlwind* auf der Lawley-Werft in Neponset bei Boston, Massachusetts.

Wenn das kein Beweis moderner Materialien ist: Das 45 Meter lange Vorstag hängt nicht durch, und das Großsegel muss kaum geöffnet werden. Die Yachten der J-Klasse haben hervorragende Segeleigenschaften an der Kreuz.

Auf der *Shamrock V* werden die Manöver ausschließlich von erfahrenen Seglern ausgeführt, allein die Größe der Winschen lässt auf enorme Kräfte schließen ...

Konstrukteur Clinton Crane, der am 22. Juli 1929 vom Syndikat Nichols-Morgan beauftragt wurde, stellte seine Pläne für die *Weetamoe* bereits Anfang August vor. Die Yacht aus Tobin-Bronze auf Eisenspanten wurde bei der Herreshoff Manufacturing Company gebaut; sie zählte zu schweren Einheiten der J-Class.

Die »J« *Enterprise* – eine Maschine

Harold S. »Mike« Vanderbilt hatte genaue Vorstellungen: Er wollte die Ausscheidungen unter den Verteidigern des America's Cup gewinnen und sich der *Shamrock V* von Sir Thomas Lipton stellen. Seine Devise: keine zweiten Plätze! Wie ernst alle amerikanischen Kampagnen gemeint waren, zeigte sich am Schwarzen Freitag, dem Börsencrash vom 25. Oktober 1929, an dem nicht eine der vier Mannschaften von ihrem Vorhaben der Pokalverteidigung abrückte.
In den Augen von Vanderbilt und seinen Männern lag der Schlüssel zum Erfolg in erster Linie in der Einhaltung der Termine. Ende Mai 1929 war bereits der Konstrukteur William Starling Burgess beauftragt worden, und schnell hatte man sich für die Herreshoff Manufacturing Company entschieden. Harold S. »Mike« Vanderbilt ließ sich die Wetterbedingungen vom Seegebiet vor Newport der vorangegangenen 20 Jahre übermitteln, und Burgess analysierte die Daten für seine Entwürfe und den Bau von Modellen, deren Leistungen er anhand von Schlepptankversuchen im Naval Model Basin von Washington überprüfte. Schließlich war es das Modell, das mit dem späteren 24,38 Meter langen Rumpf korrespondierte, welches im Tank den geringsten Reibungswiderstand aufgewiesen hatte.
Die Kiellegung fand am 5. Oktober 1929 statt, und am 14. April 1930 feierte man den Stapellauf der *Enterprise* sowie ihre Taufe durch Mrs. Winthrop W. Aldrich. Die Yacht war extrem gut ausgerüstet und verfügte nicht nur über rund 50 verschiedene Segel, darunter allein sieben Großsegel, sondern auch über zwei Hohlmasten sowie einen weiteren Mast aus Duralumin, der nur 1815 Kilogramm wog (die hölzernen brachten 2720 kg auf die Waage ...), und schließlich gab es da noch den berühmten Park Avenue-Großbaum, mit dem sich der Bauch der Großsegels einstellen ließ. Viele Manöver konnten vom Inneren des Schiffes ausgeführt werden, sodass ein Drittel der Mannschaft – bei 30 Mann also zehn – ständig unter Deck blieb.
Als die *Shamrock* im August 1930 nach einer Atlantiküberquerung mit Yawlrigg in Newport ankam, waren die amerikanischen Ausscheidungswettfahrten noch nicht beendet. Und Lipton und seine Leute mussten feststellen, dass ihr Budget nur ein Viertel dessen der *Enterprise*-Kampagne betrug.
Diese Yacht wurde schließlich auch als Verteidigerin bestimmt, und der Rest ist bekannt: Die *Enterprise* holte den Pokal nach vier Siegen, einmal hatte ihre Gegnerin gar aufgegeben.

Die einzige noch aktive »J«

Nach seiner Niederlage von 1930 ließ sich Sir Thomas Lipton von der amerikanischen Welle des Mitgefühls ergreifen, und er versprach, wiederzukommen und es erneut zu versuchen. Doch »Tommy«, wie man ihn nannte, konnte seinen Verpflichtungen nicht mehr nachkommen: Er verstarb am 2. Oktober 1931, nur wenige Monate, nachdem es ihm endlich gelungen war, Mitglied der Royal Yacht Squadron zu werden.
Nach dem Tod Liptons kaufte der berühmte Flugzeugdesigner Thomas O. M. Sopwith, der während des Ersten Weltkriegs ein Vermögen verdient hatte, die *Shamrock V* und machte sich so mit der J-Klasse vertraut, um in der Folge die Royal Yacht Squadron von einer erneuten Herausforderung zu überzeugen. Sopwith galt als besonnener und gefürchteter Segler.

Heutzutage sind an Deck der *Shamrock* rund 20 Winschen montiert, um die Handhabung bei Regatten und auf Chartertörns zu erleichtern. Auf der Konkurrentin der *Shamrock* im America's Cup 1930 wurden drei Viertel der Manöver von den unter Deck arbeitenden Crewmitgliedern erledigt.

Manchmal ist es unvermeidlich, in Lee zu arbeiten, auch wenn man dabei ganz schön nass wird (folgende Doppelseite)!

Hoch am Wind zeigt eine J-Yacht ihr ganzes Können. *Shamrock V* ist kleiner als ihre Vorgängerinnen von 1934 und 1937, aber sie begeistert jeden Segler.

Shamrock V ist die letzte in Komposit-bauweise (Teak auf Eisenspanten) konstruierte »J«. Ihr Rumpf hat eine enorme Festigkeit, die jeder Welle trotzt (rechts).

Der schnittige, elegante Bug ist charakteristisch für die Konstruktionen des Charles E. Nicholson, und an der Bordwand prangt sein goldener Zierstreifen – ein majestätischer Anblick (rechte Seite, folgende Doppelseite).

So wurden sowohl die *Britannia* von König Georg V. wie auch die beiden 23-m-R-Yachten *Astra* und *Candida* entsprechend den Anforderungen der J-Class umgebaut. Sopwith orderte die *Endeavour* und verkaufte die *Shamrock V* an seinen Fliegerfreund Richard Fairey (1887–1956), den Begründer der Fairey Aviation, die damals etwa die Hälfte der Flotte der Royal Air Force lieferte. Dieser stellte seine Yacht als Schrittmacherin zur Verfügung und ließ sie 1934 gegen die beiden neuen stählernen J-Schiffe *Velsheda* und *Endeavour* racen. Eine Saison später kam die *Yankee* hinzu. 1938 verkaufte Sir Richard Fairey seine *Shamrock* an den italienischen Senator und Verleger Mario Crespi, der sie in *Sea Song* umbenannte, eine Maschine einbauen und die Fußreling erhöhen ließ. Gegen Ende des Zweiten Weltkriegs wurde die Yacht an einen Herrn Martin veräußert, und 1962 gab es erneut einen Eignerwechsel. Der Italiener Piero Scanu taufte seine neue Yacht *Quadrifolio* und behielt sie bis 1986; 1967 veranlasste er eine erste Restauration bei Camper & Nicholsons in Gosport, bei der die Außenhaut demontiert, das Spantengerüst gesandstrahlt und eine neue Beplankung aus Teak aufgebracht wurde.

1986 kaufte die Lipton Tea Company die alte Shamrock, um sie dem Museum of Yachting in Newport zu vermachen, und Elizabeth Meyer, die damals bereits der Endeavour zu neuem Leben verholfen hatte, gab 1989 eine Restaurierung in Auftrag. 1995 erfolgte der Verkauf an die International Yacht Restoration School in Newport, später an die Newport Shamrock V Corporation, welche mit der Yacht Charterfahrten unternimmt. So ist die Shamrock V die einzige Yacht der J-Class, die niemals aufgelegt hat.

Im Jahre 1999 fand während der Antigua Race Week das erste Treffen dreier restaurierter »Js« statt, und *Shamrock V* trat erneut gegen *Velsheda* und *Endeavour* an. Später sollte auch die Renovierung der 1937 gebauten *Ranger* in Angriff genommen werden. Dazu kamen dann die *Cambria*, die nach Umbauten erneut als J-Class vermessen werden konnte, sowie *Yankee*, *Endeavour II* und die schwedische *Svea*, mit deren Aufarbeitung man erst kürzlich begonnen hat.

Technische Daten

Name: **Shamrock V**
Konstrukteur: Charles E. Nicholson
Werft: Camper & Nicholsons, Gosport
Takelung: Kuttertakelung mit Hochsegel
Vermessung: J-Class
Stapellauf: 14. April 1930
Erster Eigner: Sir Thomas Lipton
Weitere Namen: Sea Song, Quadrifolio
Restaurierungen: 1970, 1990, 2000
Werften der Restaurierungen: Pendennis
Shipyard, Falmouth; Camper & Nicholsons
Bauaufsicht: Gerard Dijkstra
Bauweise: Komposit, Teak auf Stahlspanten
geplankt.

Lüa: 36,50 m
LWL: 27,06 m
Breite: 6,00 m
Ballast: 80 t
Verdrängung: 172 t
Segelfläche am Wind: 725 m²
Maschine: 2 Caterpillar-Motoren à 250 PS
Stromaggregat: 26 kVA

Decksplan

Backbord

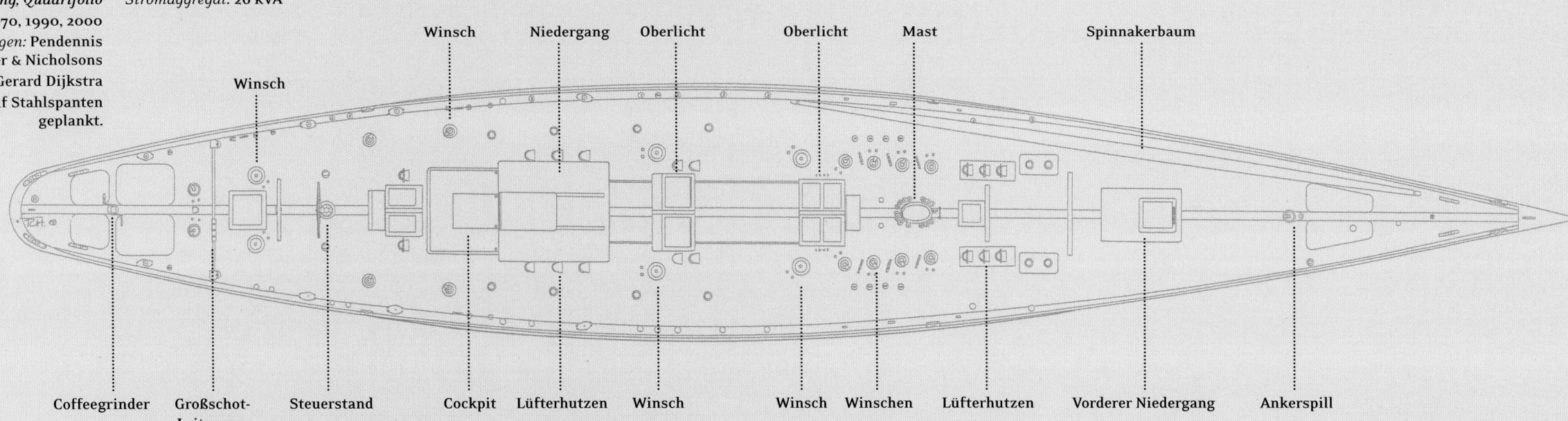

Steuerbord

Winsch · Winsch · Niedergang · Oberlicht · Oberlicht · Mast · Spinnakerbaum

Coffeegrinder · Großschot-Leitwagen · Steuerstand · Cockpit · Lüfterhutzen · Winsch · Winsch · Winschen · Lüfterhutzen · Vorderer Niedergang · Ankerspill

Einrichtungsplan

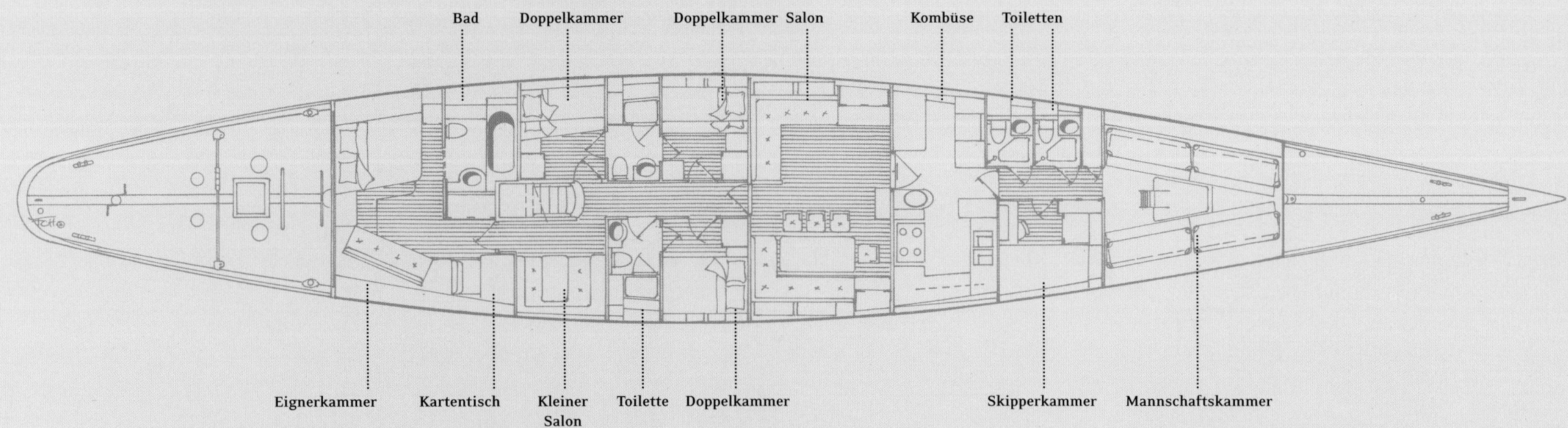

Bad · Doppelkammer · Doppelkammer · Salon · Kombüse · Toiletten

Eignerkammer · Kartentisch · Kleiner Salon · Toilette · Doppelkammer · Skipperkammer · Mannschaftskammer

Linienriss

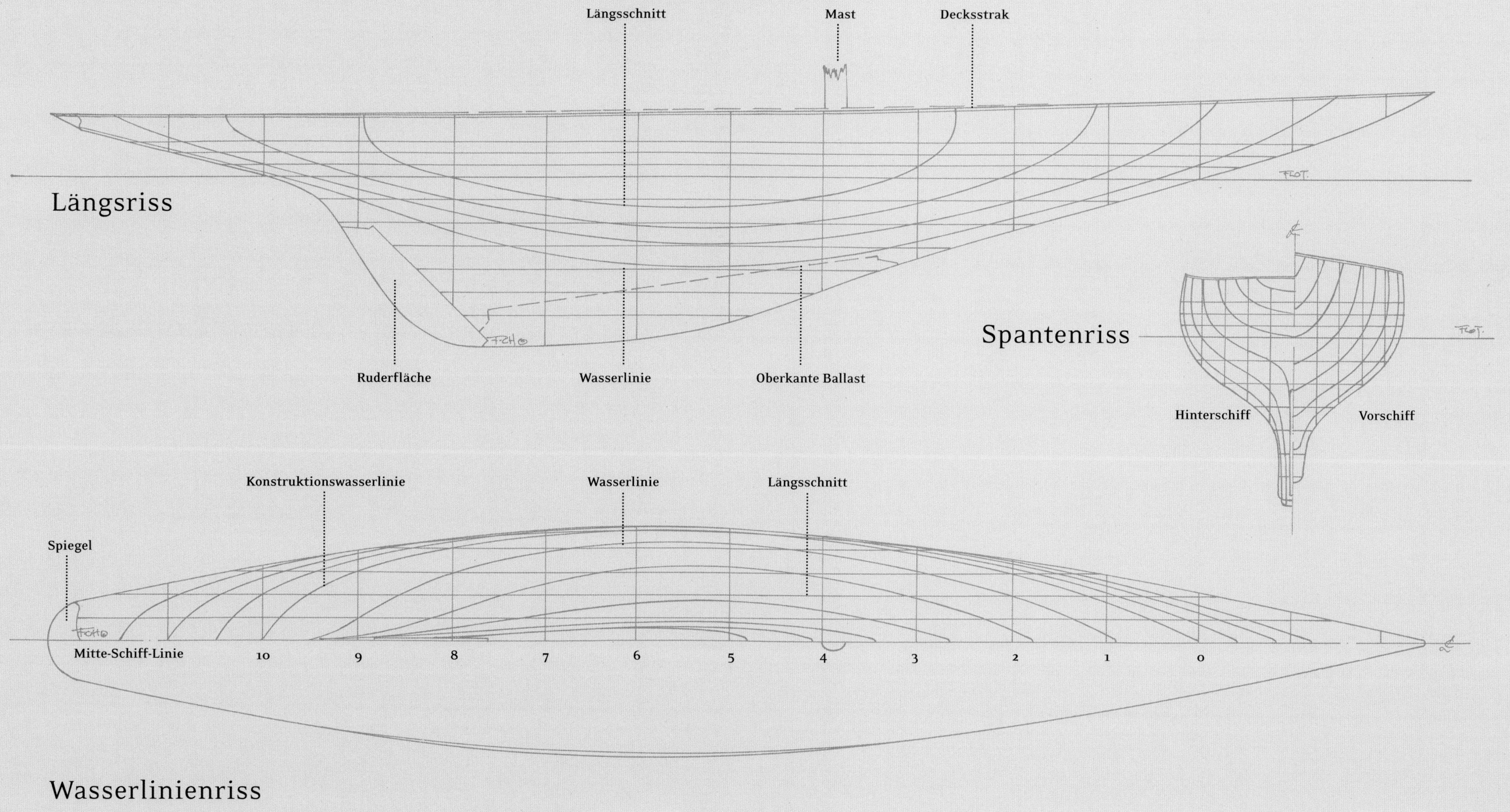

Längsschnitt Mast Decksstrak

Längsriss

Ruderfläche Wasserlinie Oberkante Ballast

Spantenriss

Hinterschiff Vorschiff

Konstruktionswasserlinie Wasserlinie Längsschnitt

Spiegel

Mitte-Schiff-Linie 10 9 8 7 6 5 4 3 2 1 0

Wasserlinienriss

Sunshine

Soll man eine verschollene Yacht nachbauen? Der Vorteil ist, dass man sich die Yacht anhand von Fotos auswählen kann und nicht erst lange nach einem aufgelegten Rumpf forschen muss oder womöglich auf ein durch vielfache Modernisierungsmaßnahmen zerstörtes Schiff stößt, oder, was noch schlimmer ist, viel Geld für etwas bezahlt, was nicht erhaltenswert ist.

Auch in diesem Business haben moderne Methoden Einzug gehalten, und so wird es nicht mehr lange dauern, bis sich ein Käufer die Möglichkeiten seiner potenziellen »klassischen« Yacht genau analysieren lassen kann.

Der Nachbau des 1901 von William Fife gezeichneten Schoners *Sunshine* hat glücklicherweise noch ohne vorherige Kosten-Nutzen-Analyse stattgefunden. Für den Initiator des Projekts, Kapitän Peter Wood, war es jedenfalls Liebe auf den ersten Blick.

Wer denkt bei dem Anblick dieses Schoners aus der Feder William Fifes schon an einen Nachbau? Das Konzept von Eigner Peter Wood ist voll aufgegangen: Die *Sunshine* lebt, und sie brilliert.

Wer Peter Wood fragt, warum er sich die *Sunshine* und keine andere Yacht ausgesucht hat, erhält wahrscheinlich zur Antwort, dass diese einmal der portugiesischen Königin gehört hat. Für ihn Grund genug zur Rechtfertigung eines derartigen Unternehmens … Doch das eigentliche Motiv für die Wahl war denn doch etwas komplexer. Die Werft William Fife & Sons in Fairlie hatte nämlich Anfang des 20. Jahrhunderts zwei Schwesterschiffe gebaut, und zwar 1901 die *Sunshine* und ein Jahr später die *Asthore*. Und diese *Asthore* hat 19 Jahre lang ebenfalls *Sunshine* geheißen, nämlich von 1906 bis 1925. Da lag die Annahme doch schon fast nahe, die Werft hätte damals noch ein drittes Schiff gebaut …

Das ist nicht gerade eine lupenrein logische Argumentation, aber doch durchschlagend, und so ließ sich Peter Wood ein weiteres Schwesterschiff bauen. Außerdem fand er als Skipper des Schoners *Altair*, der 1931 von William Fife III gebaut und 1987 restauriert wurde, heraus, dass dieses Schiff von 1933 bis 1938 einem Walter Runciman gehört hatte, der 1902 das erste Schwesterschiff der *Sunshine*, die *Asthore*, geordert hatte.

Immer wieder neue Namen

Die Original-*Sunshine* war für Glen F. McAndrew gebaut worden, der in Largs Castle und somit wenige Schritte von der Fife-Werft entfernt und ebenfalls am Ufer des Clyde gelegen gelebt hatte. Von seinem Herrenhaus aus hatte McAndrew all die Segler beobachten können, die den Fluss hinaufsegelten zu den vor Hunter's Quay organisierten Regatten. Die Zeitschrift »Yachting World« pries den im April 1901 vom Stapellauf gelaufenen Schoner als anmutig und sehr schnell. McAndrew veräußerte die *Sunshine* 1905 an die portugiesische Königsfamilie. Die Yacht lag nun im Hafen von Lissabon und gehörte der Königin Amelia, der Gemahlin König Karls I., die sie in *Stella Maris* umbenannte und mit ihr an einigen Regatten teilnahm. Daneben besaß die Monarchin die neun Meter lange, mit einem großen Lateinersegel ausgerüstete *Medusa*. 1910 wurde die portugiesische Republik ausgerufen und die Königsfamilie vom Thron vertrieben. Ein Jahr später stand die *Stella Maris* zum Verkauf.

In der folgenden Saison wurde sie von E. A. Lazarus-Barlow erstanden, nach Southampton gelegt und auf den Namen seines früheren, 1898 von Shepard gezeichneten Schoners, *Roseneath* getauft. Der Eigner segelte drei Jahre und bis zu seinem Tod mit der Yacht, seine Witwe behielt sie ein weiteres Jahr, danach erfolgte der Verkauf an den Dänen Erik Plum, der der *Sunshine* ihren alten Namen wiedergab und mit ihr in der dänischen Inselwelt wie auch in der Kieler Bucht kreuzte. 1920 veräußerte Harald Plum das Schiff an J. G. Walker, der es zurück nach Fairlie brachte, wo es gebaut worden war, und ihm für zwei Jahre den Namen *Adele* verpasste. Unter dem neuen Eigner von 1925, Sir John Espen, erhielt die *Sunshine* wiederum ihren ursprünglichen Namen zurück und wechselte in das 35 Kilometer von Fairlie entfernte Ayr als Heimathafen, in dem auch das andere Schiff von Espen lag, der Schoner mit Hilfsmotor *Allah Karim*, 1906 bei den White Brothers gebaut

Beim Reffen des Großsegels muss ein Mann auf den Baum klettern und das flatternde Tuch mit Reffbändseln einbinden, während ein anderer langsam das Fall wegfiert (links).

Der Nationalstander wird an der Nock der Großgaffel gesetzt. Alle Beschläge und Ausrüstungsteile sind von den birmanischen Handwerkern in Myanmar originalgetreu nachgebaut worden (oben).

Noch ist das zweite Reff nicht vollständig eingebunden, aber das Besansegel wird bereits über die Winsch dichtgeholt – und die *Sunshine* rauscht durch die bewegte See (folgende Doppelseite links).

Der Schoner wirft bereits eine Bugwelle auf, denn der Landwind hat aufgebrist, und schon hat man das Besantoppsegel streichen müssen (folgende Doppelseite rechts).

und zweieinhalbmal so schwer wie die *Sunshine*. 1926 wechselte die *Sunshine* in den Besitz von F. Simmonds und erhielt einen Vierzylinder-Bergius-Motor. 1930 verließ das Schiff Ayr und verschwand aus den britischen Registern, ohne dass man je ihre Spur wieder aufnehmen konnte. Allein ihr Schwesterschiff, die *Asthore*, tauchte 1931 in New York auf.

Eine Werft in Myanmar

Als Peter Woods 1999 mit seinen Nachforschungen begann, hatte er sich bereits zum Nachbau der *Sunshine* entschlossen und hoffte, in Vietnam eine geeignete Werft zu finden. Dann hörte er von dem von William Fife III. gezeichneten Kutter *Moonbeam IV*, der im April zwecks einer Restaurierung bei den Myanmar Shipyards in Yangon (Rangun), Myanmar, eintreffen sollte.

Also begab er sich dorthin und erkundete die Bedingungen für einen Neubau. Recht schnell ließ er sich von dem herzlichen Empfang und der entspannten Atmosphäre der Handwerker und der Manager überzeugen, denn Ende der 1990er-Jahre hatte das alte Militärregime Birmas längst seine Fremdenfeindlichkeit aufgegeben, was den Europäern allerdings kaum ins Bewusstsein gedrungen war. Jedenfalls wird in Myanmar traditionell zur See gefahren, und Yangon ist noch heute ein Zentrum des Boots- und Schiffbaus, in dem man die klassischen Kenntnisse bewahrt und sich dennoch den modernen Anforderungen des globalen Marktes angepasst hat. Anfang des vorigen Jahrhunderts wurden hier, in der alten britischen Kolonie, sogar die Handwerker für die Traditionsunternehmen am Clyde rekrutiert. Jedenfalls sind

die Betriebe gleichermaßen auf den Bau von Containerschiffen wie auf hölzerne Inneneinrichtungen von Yachten eingerichtet, und zudem ist Myanmar Lieferant jener Hölzer, die auch in Europa im Bootsbau verwendet wurden und werden. Der Vertrag mit den Myanmar Shipyards wurde jedenfalls geschlossen, und der Bau der *Sunshine* konnte beginnen.

Peter Wood hatte für einen stählernen Rumpf votiert, der leichter instand zu halten war und außerdem weniger kostete. Das Zuschneiden der Bleche erfolgte nach den Originalformen von William Fife, die im Scottish Maritime Museum in Irvine aufbewahrt wurden. Der ausführende Betrieb, Jachtonwerp Gaastmeer in Scheeps, Niederlande, verfügte über modernste computergesteuerte Laserschneider, die mit den Daten der Pläne gefüttert wurden, der Stahl stammte aus Deutschland. Für die Zulassung wurde gemäß europäischer Vorschriften der Einbau von vier wasserdichten Schotten nötig, obwohl der Nachbau der *Sunshine* nicht als Passagierschiff fahren, sondern den Anforderungen eines Segelschiffes für Charterzwecke genügen sollte.

Die Konstruktion erfolgte nach herkömmlicher Herreshoff-Manier kieloben liegend, sodass zuerst die Bleche für das Deck ausgelegt wurden. Darauf kam das Spantengerüst, und zum Schluss wurden die Bleche für die Außenhaut den Rundungen angepasst und verschweißt. Auch der Kiel aus Blei bekam seine blecherne Schutzschicht, wodurch der Rumpf eine solide Verbindung erhielt und bei Grundberührungen nicht so schnell Schaden erleiden würde. Alle diese Arbeiten erfolgten unter Aufsicht von Lloyd's.

Während der Start-
phase steht ein
Mann auf der Nock
des Klüverbaums,
um die Manöver
der gegnerischen
Schiffe zu beobach-
ten und mögliche
Kollisionen in dem
Gedränge zu ver-
hindern (linke
Seite).

Der großzügig
dimensionierte
Salon ist schlicht
gehalten, achtern
schließen sich die
Pantry und der
Kartentisch an.
Das Doghouse ist
dem des Schoners
Altair, einer ande-
ren Fife-Konstruk-
tion, nachempfun-
den (oben).

Eine Konstruktion für die Ewigkeit

Anfang 2000 wurde der Rumpf mithilfe zweier Kräne umgedreht, und die etwa
20 Arbeiter konnten mit dem Innenausbau beginnen.

Nach der Unabhängigkeit im Jahre 1947 war das junge Myanmar auf die Erfindungs-
gabe seiner Leute angewiesen, um mit eigenen Mitteln die von den Kolonialherren
installierte Technik zu erhalten und alle möglichen Ersatzteile, Kopien von Origi-
nalstücken aus rostfreiem Stahl, verzinktem Eisen oder Bronze, herzustellen.

Die Inneneinrichtung der *Sunrise* ist ihrer Aufgabe als Charteryacht geschuldet.
Die beiden Doppelkammern für die Gäste liegen vor dem großzügigen Salon, der in
eine Pantry und eine Navigationsecke übergeht. Die große Eignerkabine liegt weiter achtern und verfügt über ein separates Bad. Die Gastkammer und die Mannschaftslogis mit vier Kojen und einem Bad im Vorschiff sind durch ein wasserdich-
tes Schott getrennt.

Für die Möbel hat man Teakholz, für die Deckenverkleidung Rosenholz verbaut, die
Sitzmöbel wurden mit hellem Leder bezogen, und alle Handarbeit erstrahlt in
schlichter Eleganz. Die fünf Zentimeter starke Teaklattung des Decks wurde von
innen mit den metallischen Decksbalken verbolzt und alle Stoßstellen auf traditio-
nelle Weise mit Baumwolle kalfatert. Entsprechend den heutigen Bauvorschriften
erfolgte eine minimale Anhebung der Oberlichter, was sich jedoch aufgrund der
Schiffsgröße kaum bemerkbar macht. Das Doghouse, das im Vergleich zur Original-
silhouette von 1901 etwas größer ausfällt, bewahrt ebenfalls seinen eleganten Aspekt

und bietet einen wunderschönen, geschützten Raum mit zwei Bänken. 2003 kam
die *Sunshine* zu Wasser und erhielt einen aus Alaskafichte gebauten Mast; Püttinge,
Wantenspanner usw. waren aus verzinktem Eisen. Im Oktober 2004 erfolgte der
Abschluss aller Feinarbeiten und die offizielle und durchaus denkwürdige Zeremo-
nie des Stapellaufs. Danach stach die Yacht unter Segeln, die bei Lee Sails in Hong-
kong aus Dacron genäht waren, in See. Bis 2005 kreuzte sie in den Gewässern Thai-
lands und Malaysia, später kam sie ins Mittelmeer an die Côte d'Azur.

Nachbau oder Rekonstruktion?

Handelt es sich bei der *Pen Duick* nach einer Zeichnung von William Fife III aus dem
Jahre 1898, deren Rumpf 1958 mit Kunststoff überzogen wurde, heute um einen Nachbau oder eine Wiederherstellung (Rekonstruktion)? Die Begriffe von Nachbau, Rekonstruktion und Restauration wissen allein die Fachleute exakt zu unterscheiden, und
ihre Bedeutungen sind vom jeweiligen Aufwand der Arbeiten abhängig. Im Fall der
Sunshine müssen wir wohl von einem Neubau nach Zeichnungen von 1901 sprechen,
wiewohl sich Peter Woods Techniken und Materialien wie bei der ersten Realisierung
des Entwurfs auf der Werft William Fife & Sons in den Jahren 1901 und 1902 zu Nut-
zen machte. Die CIM, die Vereinigung zur Organisation von Wettfahrten klassischer
Yachten im Mittelmeer, stuft die *Sunshine* jedenfalls in die Kategorie »vintage« ein …

Technische Daten

Name: *Sunshine*
Konstrukteur: William Fife III
Takelung: Gaffelschoner
Kategorie: Nachbau der *Sunshine* von 1902
Stapellauf: Oktober 2004
Erster Eigner: Peter Wood
Werft: Myanmar Shipyards, Yangon (Rangun)
Bauweise: Stahl

Lüa: 33,40 m
LüD: 31,60 m
LWL: 21,84 m
Breite: 5,64 m
Tiefgang: 3,43 m
Innenballast: 90 t
Verdrängung: 188 t
Segelfläche am Wind: 474 m²
Maschine: Cummins 6CTA, 300 PS
Stromaggregat: Onan, 17,5 kVA

Decksplan

Backbord

Doghouse · Winsch · Oberlicht · Winsch · Vorderer Niedergang · Klüverbaum

Steuerstand

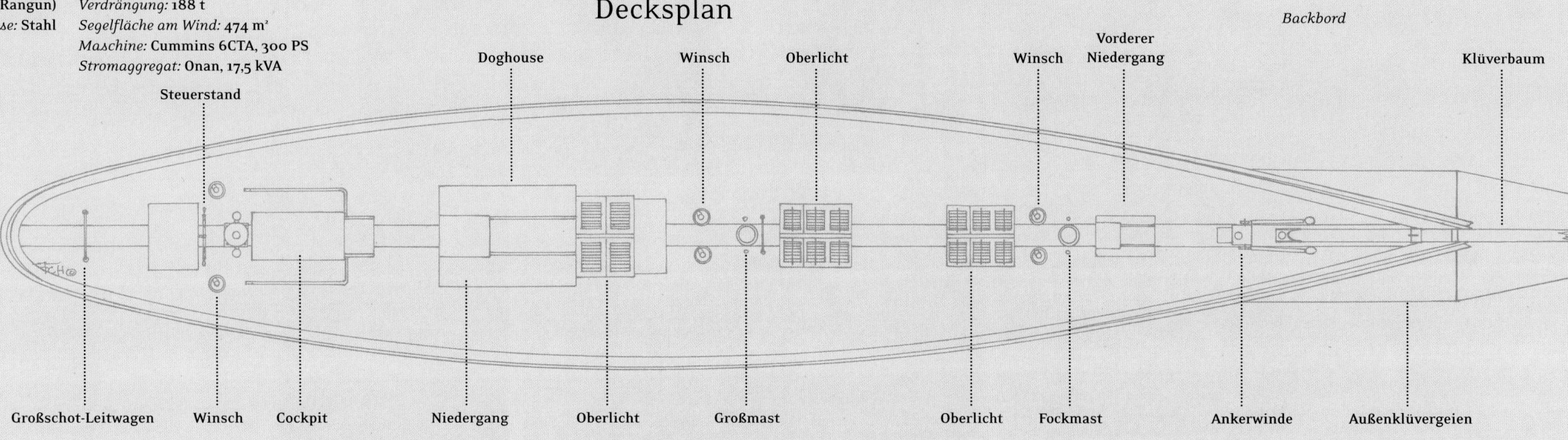

Großschot-Leitwagen · Winsch · Cockpit · Niedergang · Oberlicht · Großmast · Oberlicht · Fockmast · Ankerwinde · Außenklüvergeien

Steuerbord

Einrichtungsplan

Toilette · Technikraum · Kartentisch · Doppelkammer · Toilette · Toilette · Mannschaftskammer

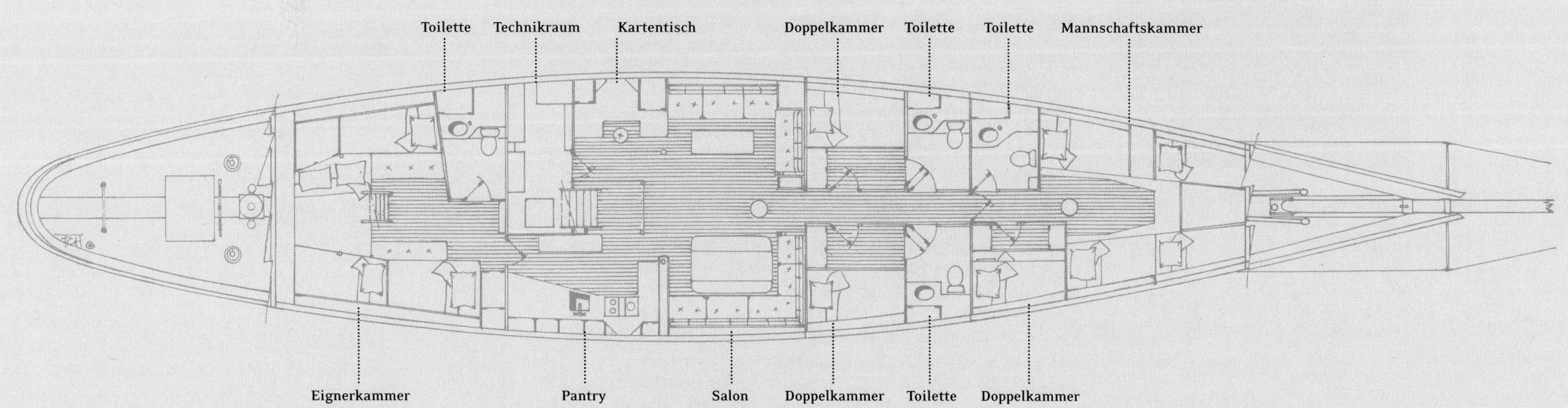

Eignerkammer · Pantry · Salon · Doppelkammer · Toilette · Doppelkammer

Linienriss

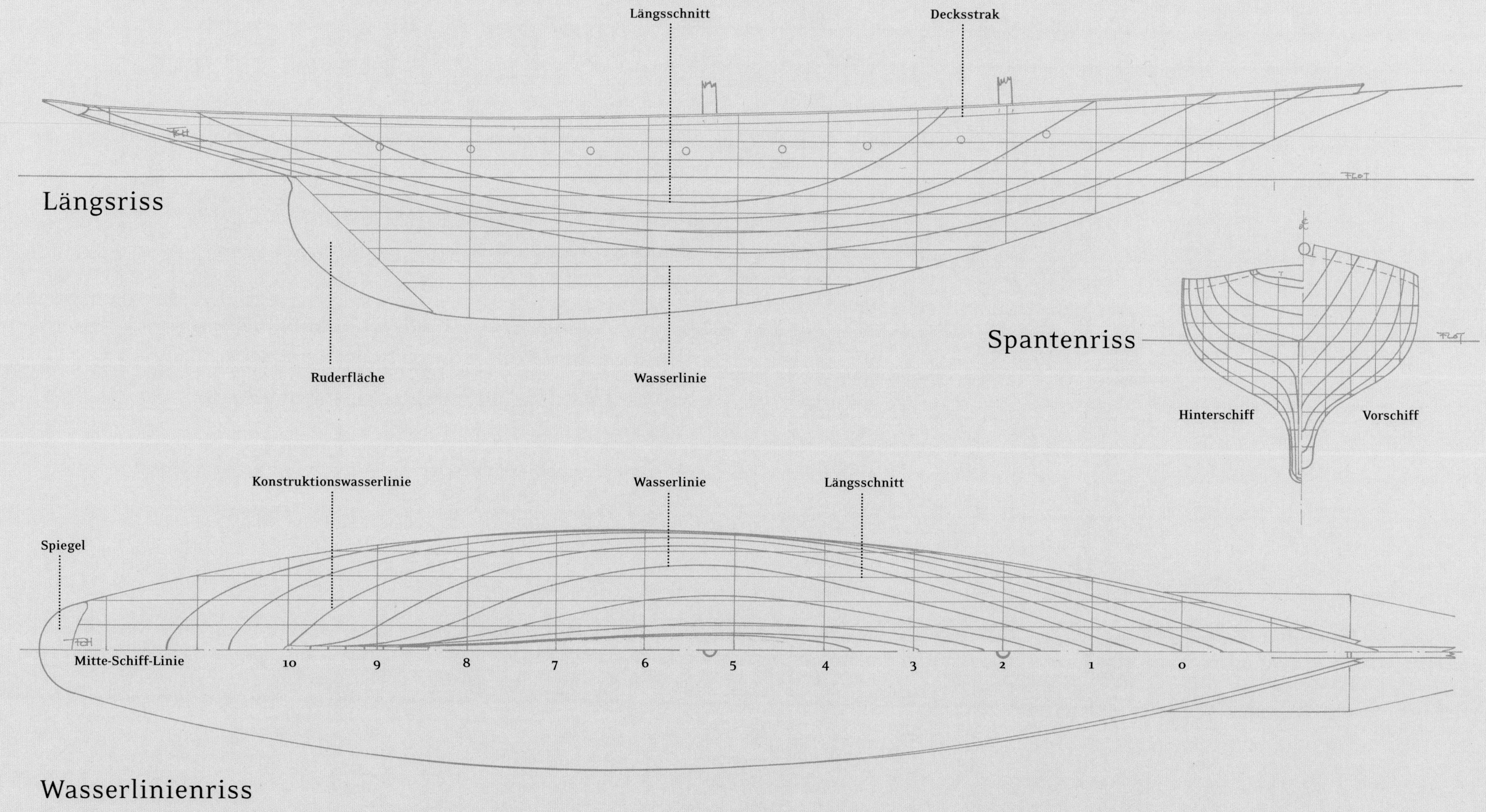

Längsschnitt

Decksstrak

Längsriss

Ruderfläche

Wasserlinie

Spantenriss

Hinterschiff

Vorschiff

Konstruktionswasserlinie

Wasserlinie

Längsschnitt

Spiegel

Mitte-Schiff-Linie

10   9   8   7   6   5   4   3   2   1   0

Wasserlinienriss

Tuiga

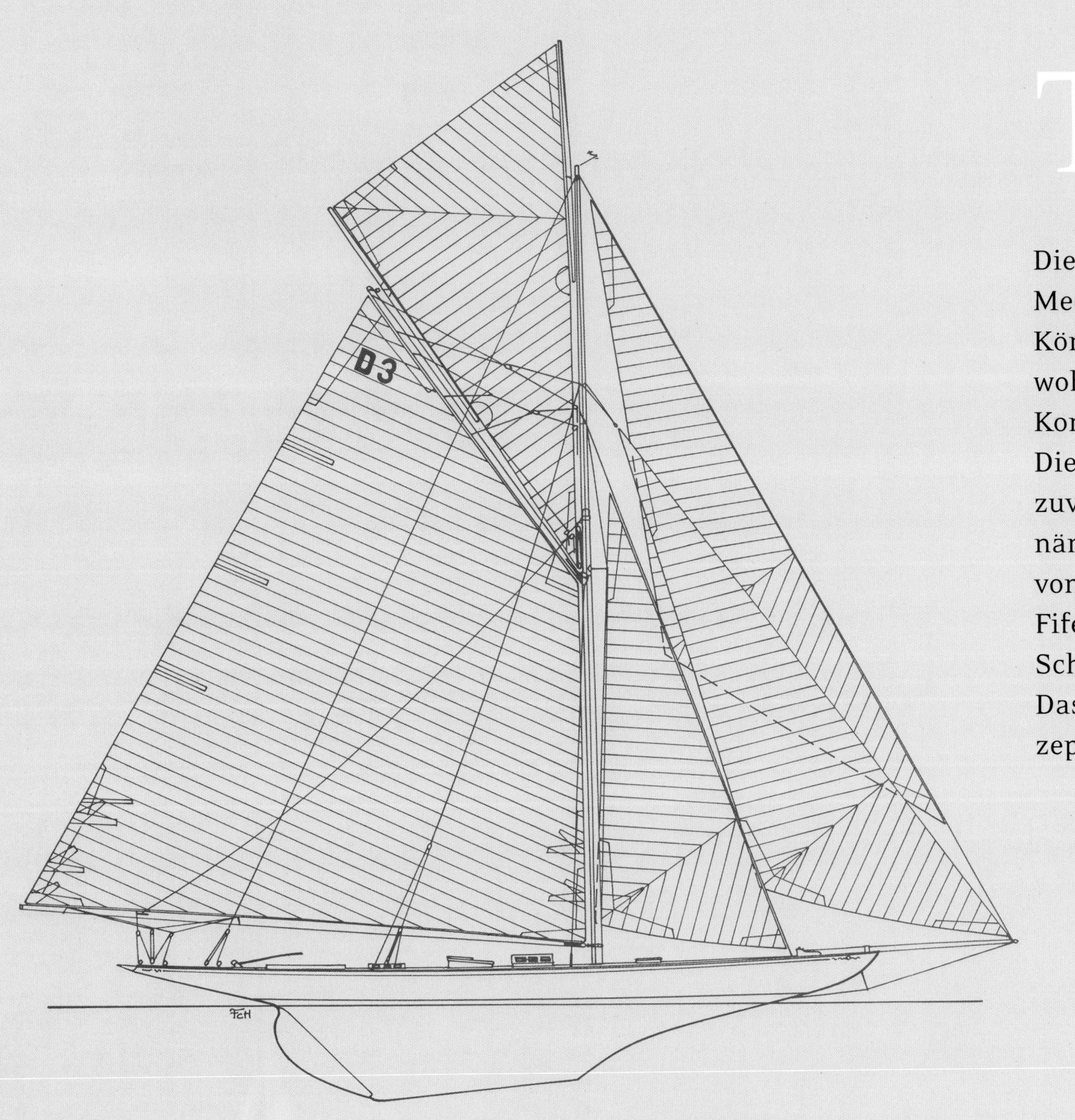

Die *Tuiga* wurde 1909 für den Herzog von Medinaceli, einen Freund des spanischen Königs, in Fairlie gebaut. Die 15-m-R-Yacht ist wohl das schönste noch segelnde Schiff des Konstrukteurs William Fife III.

Die Linien der *Tuiga* ähneln denen zweier zuvor von Fife gebauter 15-m-R-Yachten, nämlich der *Vanity* und der *Hispania*, die vom Halbmodell der *Cintra*, einem von Fife konstruierten 12-m-R-Schiff, und deren Schwesterschiff *Magda VIII* abgeschaut sind. Das Modell der *Cintra* hat somit für die Konzeption von vier Yachten herhalten müssen ...

Tuiga ist das Flaggschiff des Yacht Club de Monaco und nimmt an jeder Gala teil. Zu ihrer Mannschaft gehört unter anderem Prinz Albert II. von Monaco.

Nun sagt man Nathanael Herreshoff eigentlich nach, er habe all seine Yachten aus Halbmodellen entwickelt. Und man weiß, dass es unter Konstrukteuren üblich war, die Linien einer Yacht vom Halbmodell abzunehmen. Wie schon sein Vater und die meisten Yachtdesigner seiner Generation begann auch William Fife III mit dem Bau eines Halbmodells. Das Überraschende in seinem Fall aber ist die Tatsache, dass es für die Risse mehrerer Yachten verschiedener Größen diente.

Es sind nur sehr wenige Halbmodelle von den Fifes erhalten, und es ist kaum noch nachzuvollziehen, wie das Entwerfen einer Yacht genau vonstattengegangen ist. Und in unserem Fall existieren erhebliche Unterschiede zwischen den Yachten, die aus ein und demselben Modell entstanden sind. Die Formen eines Halbmodells wurden meist mit einem Storchschnabel vergrößert und in den Riss übertragen, doch dienten sie eher der allgemeinen Bemessung, deren Charakteristika später individuell ausgeführt wurden, wenn sie denn in Form von Linien und Kurven auf dem Mallboden ihren konkreten Niederschlag fanden. Wer jedoch die Linien und Kurven der Entwürfe von Fife betrachtet, dem wird ins Auge stechen, wie sehr sie sich ähneln. Bei meinen Recherchen zu einem Buch über das amerikanische und das englische Yachtdesign zwischen 1870 und 1887 durchforstete ich die Archive in Irvine und fand Pläne von William Fife II, die in verschiedenen Maßstäben ausgearbeitet waren. Diese »Entdeckung« wurde bei meinem Studium der Pläne von Fischerbooten, die in der zweiten Hälfte des 19. Jahrhunderts auf den Werften von Paimpol gebaut worden waren, bestätigt. Die Linien von William Fife sind allerdings eher fließend, d. h. dass sich die Krümmung mithilfe von ein oder zwei an eine Latte gehängten Bleigewichten erzeugen ließ, während bei anderen Konstrukteuren sechs oder mehr Gewichte nötig waren.

Eine internationale Vermessungsformel

Wie auch immer William Fife III die *Tuiga* gezeichnet haben mag - sie ist jedenfalls eine typische Vertreterin der Internationalen Meterformel, die vom 1. Januar 1908 bis 31. Dezember 1917 gültig war und zum Ziel hatte, die verschiedenen in Europa vorkommenden Vermessungsregeln zu harmonisieren. Sie teilte Schiffe zwischen sieben und 35 Meter Länge in zehn Klassen der 5-, 6-, 7-, 8-, 9-, 10-, 12-, 15-, 19- bzw. 23-m-R-Yachten ein. Für die 14-m-R-Yacht existierte zwar auch eine Vorschrift, doch wurde kein einziges Exemplar dieser Klasse gebaut.

Der Formel, deren Ergebnis ein Rennwert war, wurden verschiedene Merkmale der Yachten zugrunde gelegt. Die Verdrängung eines Schiffes floss durch das *d*, nämlich die Differenz zwischen dem Gurtmaß und der Länge einer um den Rumpf gespannten Kette ein, die Segelfläche wurde mit einem Drittel ihrer Wurzel berücksichtigt, dazu kamen natürlich auch die Werte Geschwindigkeit, Bootslänge und Segelfläche, die in gegenseitiger Abhängigkeit standen.

Die Aufgabe des Konstrukteurs bestand nunmehr darin, die Maße zu einem möglichst günstigen Kompromiss zu vereinigen, denn die Formel wies keine offensicht-

liche Schwachstelle auf. Ziel Englands und der skandinavischen Länder, die sich vom 16. bis 18. Januar 1906 zu einem Kongress in London zusammengefunden hatten, war die Konstruktion von handigen, seetüchtigen und beständigen Yachten, die den Anforderungen von Lloyd's entsprachen.

Als die *Tuiga* auf Kiel gelegt wurde, gab es bereits die drei 15-m-R-Yachten *Ma'oona*, *Shimna* und *Mariska*, die sich auf Regatten gegen die 52-Füßer, wie man die Klasse vor 1907 nannte, hatten beweisen müssen. Diese waren Vertreter der linearen (englischen) Vermessungsformel von 1896, die 1901 mit der Einführung des Faktors *d*, der den Skandinaviern so sehr am Herzen gelegen hatte, modifiziert worden war. Das *d* fand denn auch Eingang in die neue Meterformel von 1906, doch unterdessen waren bereits 18 52-Füßer gebaut worden. Die erste Yacht dieser Klasse war die *Penitent*, 1986 gezeichnet von A. Payne, die mit Skipper William P. Burton brillierte. William Fife III sollte sieben 52-Füßer konstruieren, A. Payne sechs, A. Mylne drei, Charles E. Nicholson und N. G. Herreshoff nur je einen, Letzterer 1905 die *Sonya* für eine Frau Turner. William Burton hatte drei der Schiffe besessen: die *Gauntlet* (A. Payne, 1901), von der er sich schnell wieder trennte, weil sie nicht gut lief, die *Lucida* (Fife, 1902) und schließlich die *Britomart* (A. Mylne, 1905), mit der er alle Gegnerinnen versegelte und nicht weniger als 97 Preise errang. Die 52-Füßer unterschieden sich von den neuen 15-m-R-Yachten im Wesentlichen durch die etwa einen halben Meter kürzere Wasserlinie und die geringere Verdrängung (2 t weniger Kielballast) sowie etwas weniger Tiefgang. Sie waren dadurch schwieriger und auch sportlicher zu segeln und dazu deutlich billiger zu bauen. Dennoch wurde nach 1905 nur noch eine Yacht dieser Klasse konstruiert, und die International Rule trug zu ihrem Untergang bei.

Fünf schöne Jahre

Obwohl die *Tuiga* Thema etlicher Recherchen und Publikationen wurde, hat bisher niemand das konkrete Datum ihres Stapellaufs herausfinden können. Grund dafür mag sein, dass die Yacht allein zu dem Zweck gebaut worden war, dem spanischen König Alphonso XIII. eine Freude zu bereiten. Dafür wurde es wichtig, dass der Herzog von Medinaceli mit seiner *Tuiga* anlässlich des Stapellaufs der königlichen 15-m-R-Yacht *Hispania* auf den Astilleros Karrpard in Pasajes bei Santander anwesend waren. Bekannt ist allein die Bauzeit der *Tuiga*, nämlich sechs Monate, sowie das Datum, an dem die Yacht mit einer Art Notrigg unter dem Kommando von George Canning den Clyde verließ. Das geschah am 20. Mai 1906.

Zeitgleich mit dem Bau der *Tuiga* und der *Vanity* in Fairlie wurde an der spanischen Nordküste die *Hispania* konstruiert. William Fife begab sich zwei Mal auf die Iberische Halbinsel, um den Baufortschritt zu überwachen. Die Wahl war auf die Werft Karrpard gefallen, die den königlichen Ansprüchen am ehesten entsprechen konnte, hatte doch zuvor gar der Marquis von Kuba dort seine 15-m-R-Yacht *Encarnita* nach den Plänen des an der baskischen Küste als erfolgreich geltenden Joseph Guédons bauen lassen. So war wohl noch eine weitere Yacht der Klasse wäh-

rend der königlichen Taufe anwesend. Und dann hatte es ja noch Don Claudio Lopez gegeben, der die Fife-Konstruktion *Shimna* von 1907 kaufte und in *Slec* umbenannte. Während einer Wettfahrt am 3. Juli 1909 vor Santander konnte die *Tuiga* der *Slec* jedenfalls sieben Minuten abnehmen und startete damit in eine erfolgreiche Regattakarriere. Die *Hispania* war zur Segelwoche von San Sebastian vom 15. bis 21. Juli segelklar, ging bei der ersten Regatta als Einzige an den Start – noblesse oblige – und gewann ... Am folgenden Tag erlitt sie eine Havarie und überließ den Sieg der *Tuiga*. Am dritten Tag ging es um den Kuba-Pokal, als es auf halber Strecke aufbriste und die *Tuiga* den König vorbeifahren lassen und schließlich aufgeben musste. Am fünften Tag konnte die *Hispania* über die *Slec* triumphieren, und der sechste Tag war für ein gesellschaftliches Großereignis reserviert, an dem sowohl die Königin als auch der preußische Prinz Heinrich teilnahmen.

Vier gute Saisons

1909 war das fruchtbarste Jahr der 15-m-R-Klasse, denn außer den vier spanischen Yachten *Tuiga*, *Hispania*, *Slec* und *Shimna*, die allesamt von englischen Seeleuten gesegelt wurden, gab es noch die *Anémone II* nach Plänen von Chevreux, die sich der Präsident der Regatten von Cannes, Philippe de Vilmorin, auf der Werft Le Marchand, Vincent & Co. hatte bauen lassen. Diese Yacht galt allerdings als Misserfolg, wurde sie doch am 28./29. Juli in Le Havre von der Fife-Konstruktion *Mariska* (Baujahr 1908) und der *Vanity*, gezeichnet von John R. Payne, Arthur E. Watson & Ian Hamilton, geschlagen, und trotz ihrer Segelgarderobe von Ratsey & Lapthorn segelte sie vor allem hoch am Wind sehr unausgeglichen, weil es an der Längsstabilität mangelte. Ergänzt wurde die 15-m-R-Flotte durch die *Ostara* von William Burton, die von Mylne gezeichnet und bei McAlister in Dumbarton gebaut worden war. Die Spanierinnen *Tuiga* und *Hispania* kamen für die Cowes Week und die Clyde-Regatten nach England, wo die Neubauten auf die Veteranen *Ma'oona* von 1907, die *Slec* und die *Mariska* trafen. Dabei beherrschte die *Ostara* mit 49 ersten, 22 zweiten und 13 dritten Plätzen das Regattageschehen. Ihr folgten die *Vanity* und die *Mariska*, während *Tuiga* wie *Hipania* mit jeweils nur acht Siegen weit abgeschlagen blieben.

Die Saison endete mit der Segelwoche von Bilbao, welche die *Tuiga* gewinnen konnte, während der spanische König in Madrid weilte. Die frisch zu Wasser gelassene *Encarnita* hatte dagegen kaum Gelegenheit, sich mit den anderen zu messen, da ihr Mast brach. Zu Saisonende zog man Bilanz, und die fiel eindeutig zugunsten der beiden schottischen Konstrukteure William Fife und Alfred Mylne aus.

Für die Manöver des Toppsegels ist ein Mann im Mast nötig (links).

Der bekannte Segler Grant Dalton zeigte sich 1977 vollkommen überrascht von der Lebhaftigkeit und Leichtigkeit der *Tuiga* (rechte Seite).

Die 15-m-R-Yacht *Tuiga* begegnet den Vertreterinnen der Big Class und kann im letzten Moment durch eine Wende dem Großbaum der *Lulworth* ausweichen.

Seit 1995 ist *Tuiga* Botschafterin des Fürstentums Monaco. Ihre Crew konstituiert sich aus den Mitgliedern des YCM (linke Seite).

Die Saison 1910 stand im Zeichen der drei neuen 15-m-R-Yachten *Tritonia* und *Paula II*, für Graham L. Lohner und den Deutschen Ludwig Sanders von A. Mylne gezeichnet und bei McAlister & Son gebaut, und der *Sophie-Elisabeth* von Fife, die einem weiteren Deutschen namens Leopold Biermann gehörte. Während auf dem Ärmelkanal und in Schottland meist die *Ostara* und die *Vanity* die Siege einfuhren, segelten die spanischen Yachten lieber in ihren Heimatgewässern. Anlässlich der Regatten vor Bayonne-Biarritz am 30./31. Juli wurden sie von einer Menge begeisterter Franzosen empfangen, die König Alphonso III. an Bord der *Hispania* und William Fife auf der *Tuiga* begrüßen wollten. Und wie man in der Zeitschrift »Le Yachtman« lesen konnte, stiftete der Monarch die am Ende der Wettfahrten eingeheimsten Preise generös den »Armen von Biarritz«.

1911 zeichnete der deutsche Konstrukteur Max Oertz für den Herzog von Sachsen-Altenburg die 15-m-R-Yacht *Senta*, und die wichtigste Regatta war der Commodore's International Challenge Cup, den die *Paula II* gewinnen konnte, sodass der Pokal nach Deutschland ging, wo im folgenden Jahr erneut um ihn gekämpft werden sollte. Die *Tuiga* bewährte sich während des De-La-Ryde-Festivals mit einem zweiten Platz hinter der *Hispania*.

Das Jahr 1912 begann mit einer kleinen Revolution, als nämlich zwei in Großbritannien eigens für die Rückeroberung des Commodore's Cup konstruierte Neubauten aufkreuzten. Es waren die *Lady Anne* von Fife, gezeichnet für George Coast, und vor allem die *Istria* von Charles A. Allom, gezeichnet von Charles E. Nicholson. Das Besondere an der *Istria*, die ihre Mission erfolgreich erfüllen sollte, war ihr neuartiges Rigg, bei dem das Toppsegel, welches man in früheren Zeiten an der am Mast verlängernden Bramstenge angeschlagen hatte, direkt am Großmast gefahren wurde. Dadurch erhielt das Segel eine bessere Führung und war vor allem hoch am Wind effizienter. Die *Tuiga* erwies sich in dieser Saison als ewige Zweite, die *Hispania* endete meist als Dritte. Der Erfolg der *Istria* bescherte Konstrukteur Nicholson zwei Folgeaufträge: die *Pamela* für S. Glen L. Bradley und die *Paula III* für Ludwig Sanders. William Fife zeichnete derweil mit der *Mandrey* für A. Blatspiel Stamp seine letzte 15-m-R-Yacht, die im Übrigen wie die *Istria* mit einem Marconirigg ausgerüstet wurde. Und Johan Anker, der sich in Nordeuropa als 12er-Konstrukteur einen Namen gemacht hatte, entwarf für den Deutschen E. Luttrop die *Isabel-Alexandra*. Während die drei Mylne-Schiffe auf dem Clyde, vor Le Havre und Cowes Erfolge verbuchten, sicherte sich die *Paula III* erneut den Commodore's Cup für Deutschland.

Das Ende der 15-m-R-Klasse

1914 und nur einige Stunden vor Ausbruch des Ersten Weltkriegs konfiszierte die britische Admiralität sämtliche in ihren Hoheitsgewässern fahrenden Schiffe. Die *Isabel-Alexandra* wurde von dem Norweger O. Ditlev Simonsen aufgekauft, und auch die *Paula III* ging im folgenden Jahr an einen Skandinavier, denn Schweden und Norwegen blieben im Krieg neutral und nutzten die Möglichkeit, mit Regattaschif-

fen aus anderen europäischen Ländern den eigenen Yachtsport auszubauen. Im September 1916 wurde auch die *Hispania* von einem Norweger aufgekauft, und die *Tuiga* kam in den Besitz des Schweden J. Estlander. 1917 segelten zehn 15-m-R-Yachten unter norwegischer Flagge, und die Wettfahrten der Zwölfer erfreuten sich großer Felder von bis zu 20 Schiffen. In jenem Jahr zeichnete Johan Anker die *Neptun*, die letzte Yacht der 15-m-R-Klasse, für einen deutschen Eigner.

Im darauffolgenden Jahr kaufte der Norweger Jac M. H. Linvig die *Tuiga* und taufte sie *Betty IV*. 1920 wurde zur letzten Regattasaison der 15-m-R-Klasse, als man vom 22. bis 25. Juli vor Tonsberg (nahe Oslo) segelte. Die *Betty IV* erreichte hinter der *Magda X*, der ex-*Sophie-Elizabeth*, und der *Isabel-Alexandra* den dritten Platz. 1923 nahmen erneut drei 15-m-R-Yachten an der Cowes Week teil, aber sie bildeten keine eigene Klasse mehr. Linvig verkaufte die *Betty IV* an seinen Landsmann Henry Johansen, der sie nur für eine Saison behielt. Ihr nächster Eigner wurde John Sommerville Highfield, seines Zeichens Mitglied im Royal Thames Yacht Club. Er legte das Schiff nach Cowes, nannte es *Dorina*, rüstete es mit einem Marconirigg aus und verringerte die Segelfläche. Außerdem entwickelte er ein Backstagsystem mit Hebeln, welche die üblichen Taljen ersetzten, und ließ elektrische Lampen installieren. 1934 verkaufte er die Yacht an J. Colin Newman, und aus *Dorina* wurde *Kismet III*. Damals erhielt das Schiff ein neues Bermudarigg und eine 35-PS-Maschine. 1935 nahm Newman am Fastnet Race teil und erreichte Plymouth als erstes Schiff, doch musste die *Kismet III* der kleineren *Stormy Weather* 16 Stunden

vergüten und landete schließlich nur auf Platz vier. Damit war die Regattalaufbahn der alten *Tuiga* vorerst beendet.

1938 kam sie in den Besitz von James B. Douglas, der sie zum Clyde zurückbrachte und ihr von der Robertson-Werft ein Doghouse verpassen ließ. Danach lag die *Kismet III* über 30 Sommer auf Reede vor einem der schönsten Landhäuser Schottlands, dem Eilean Donan Castle in der Nähe der Insel Skye.

1970 kaufte Ian Rose die Yacht, rüstete sie mit dem Aluminiummast des Zwölfers *Sceptre* aus und ließ sie unter dem Namen *Nevada* im Mittelmeer in Charter segeln. Später wurde sie von einem Griechen aufgekauft und nach Piräus gelegt, danach gelangte sie in den Besitz eines jungen Paares, das eine Weltumseglung plante. 1989 entdeckte Duncan Walker, der damalige Direktor von Fairlie Restorations, die ex-*Tuiga* in der Anzeige einer Yachtzeitschrift und diente sie Albert Obrist an, der zuvor mit der *Altair* schon eine andere legendäre Fife-Yacht hatte restaurieren lassen.

So erhielt die *Tuiga* ihren ursprünglichen Namen und nach vier Jahren auf der Werft auch ihre originale Pracht zurück. Neben der *Altair* trug sie maßgeblich zur Renaissance der klassischen Yachten bei und ist seit 1995 das Flaggschiff des Yacht Club de Monaco.

Als Schulschiff des YCM wird die *Tuiga* heutzutage oft von einer Crew von 15 Mann bewegt, während damals acht Leute reichen mussten (oben).

Details, die ein Meisterwerk ausmachen: die Glocke mit dem eingravierten Schiffsnamen, die dekorative Plakette an der Baumnock, sorgfältig aufgeschossene Leinen, raffinierte Beschläge, die mit Leder benähten Mastringe.

Farblich abgestimmte Holz-
arbeiten, eine ausgesucht
schlichte Einrichtung, kost-
bare Bronzedetails ... findet
man nicht nur an Bord der
Tuiga, sondern auch auf
den anderen Yachten von
William Fife.

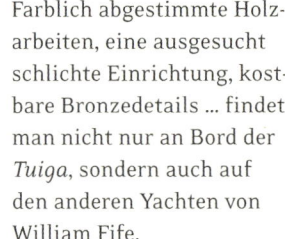

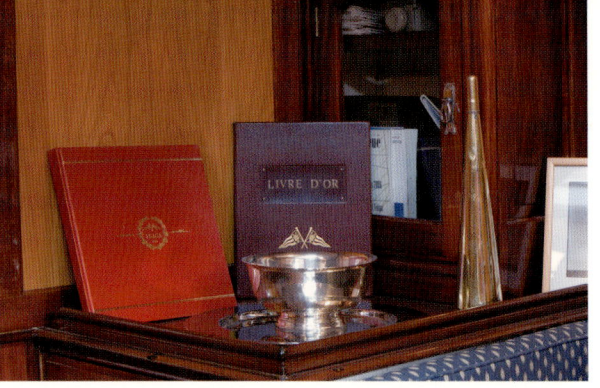

Wie alle Yachten der
International Rule, die
vor dem Krieg gebaut
wurden, hat die *Tuiga*
einen geringen Freibord
und eine enorme Segel-
fläche (rechte Seite).

Technische Daten

Name: **Tuiga**	*Lüa:* **28 m**
Konstrukteur: **William Fife III**	*LüD:* **23,18 m**
Werft: **William Fife & Son, Fairlie**	*LWL:* **14,98 m**
Rigg: **Gaffelkutter**	*Breite:* **4,15 m**
Vermessung: **15-m-R-Yacht**	*Tiefgang:* **2,87 m**
Stapellauf: **1909**	*Ballast:* **20 t**
Erster Eigner: **Herzog von Medinaceli**	*Verdrängung:* **39 t**
Weitere Namen: **Betty IV, Dorina, Kismet III, Nevada**	*Segelfläche am Wind:* **414 m²**
Restaurierung: **1993**	
Werft der Restaurierung: **Fairlie Restaurations, Hamble**	
Bauweise: **Kompositbau, Ulme auf Eisen**	

Decksplan

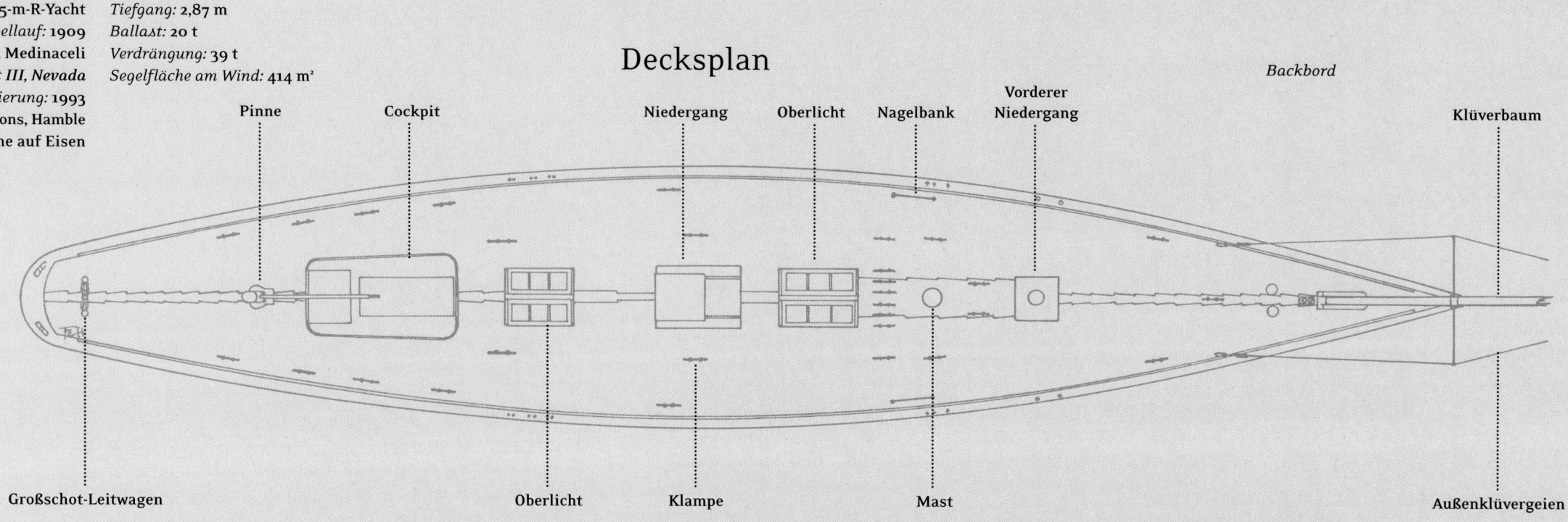

Backbord

Pinne · Cockpit · Niedergang · Oberlicht · Nagelbank · Vorderer Niedergang · Klüverbaum

Großschot-Leitwagen · Oberlicht · Klampe · Mast · Außenklüvergeien

Steuerbord

Einrichtungsplan

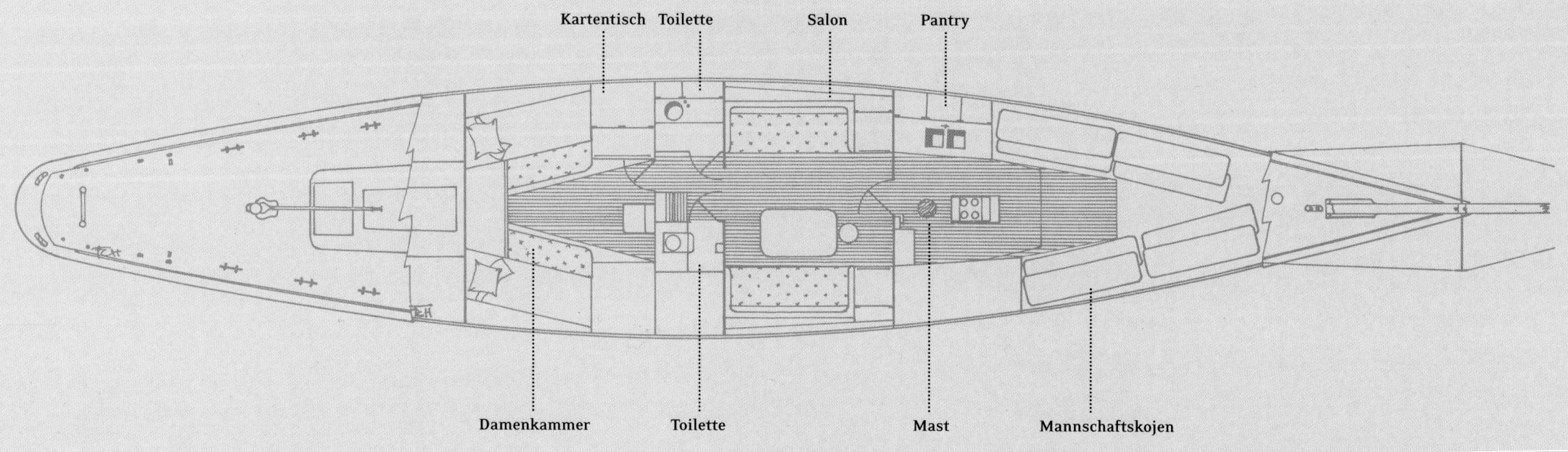

Kartentisch · Toilette · Salon · Pantry

Damenkammer · Toilette · Mast · Mannschaftskojen

Linienriss

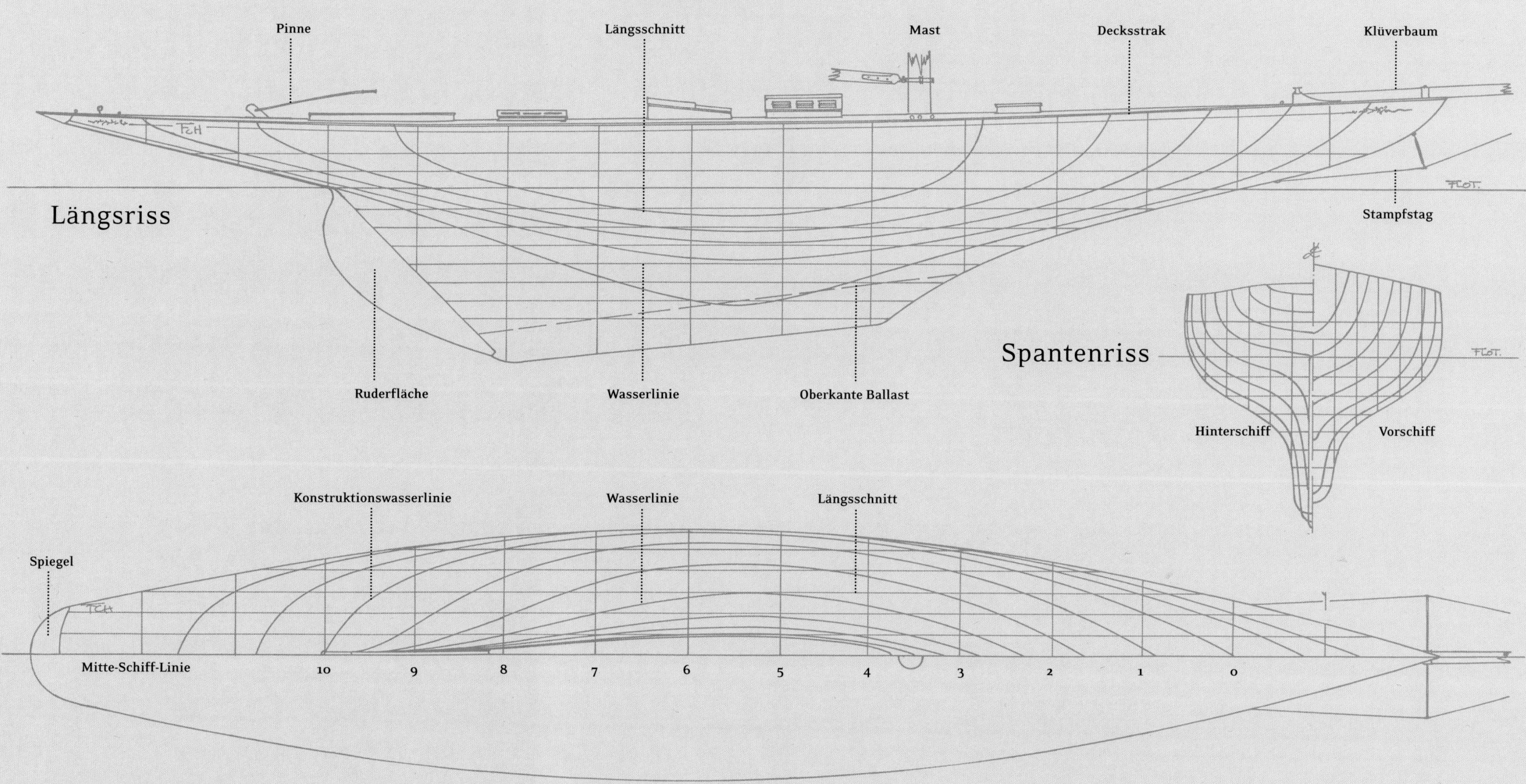

Längsriss

Pinne
Längsschnitt
Mast
Decksstrak
Klüverbaum

Stampfstag

Ruderfläche
Wasserlinie
Oberkante Ballast

Spantenriss

Hinterschiff
Vorschiff

Konstruktionswasserlinie
Wasserlinie
Längsschnitt

Spiegel

Mitte-Schiff-Linie
10 9 8 7 6 5 4 3 2 1 0

Wasserlinienriss

Zaca

Der Schoner *Zaca* erinnert unweigerlich an Errol Flynn, der 13 Jahre lang sein Eigner war. In den 1959 erschienenen Memoiren »My wicked, wicked ways« beschrieb der Filmschauspieler seine Erfahrungen mit einem Wirbelsturm in der Karibik: »Nie zuvor habe ich den Wind mit einer solchen Gewalt heulen hören. Der Bug der *Zaca* tauchte in das grüne Wasser, um gleich darauf, kaum dass ich merkte, was geschah, die nächste Welle hinaufzufahren, die hoch war wie ein Berg. Wir befanden uns am Rande des Sturmes, und der Himmel war ebenso dunkel wie die See.« Errol Flynn war beileibe kein Anfänger, er hat von Kindesbeinen an gesegelt, und mit seiner *Zaca*, dem wunderschönen 36-Meter-Schoner, Tausende von Seemeilen zurückgelegt.

Berühmt wurde das Schiff vor allem durch die Eskapaden seines Eigners in den 1950er-Jahren, doch hat es durchaus eine andere Vergangenheit vorzuweisen, die nicht in der Regenbogenpresse öffentlich wurde.

Die *Zaca* ist von den Schonern Neuschottlands und ganz besonders von der *Bluenose* (1921) inspiriert, die 1963 ebenfalls in Lunenburg rekonstruiert wurde.

Während sich 1929 an der Wall Street in New York die Banker wegen des Börsencrashs aus den Fenstern stürzten, blieb der Milliardär Charles Templeton Crocker (1884-1948) in San Francisco von der Katastrophe seiner Kollegen unbetroffen. Im August orderte er einen großen Schoner, mit dem er auf den Weltmeeren umherzusegeln gedachte. Dieser Schoner *Zaca* des Konstrukteurs Garland Rotch wurde bei den Nunes Brothers in Sausalito auf Kiel gelegt. Er fiel deutlich luxuriöser aus als sein Vorbild, der für den Fischfang konzipierte 43,60-Meter-Schoner *Bluenose*, den W. J. Roue gezeichnet hatte und der 1921 in Lunenburg, Neuschottland, vom Stapel gelaufen war.

Für den Bau der *Zaca* wurden beste Hölzer geordert, darunter Eiche, um die Spanten aufzudoppeln, Oregonfichte für die Beplankung und die Decksbalken und Teak für das Deck selbst. Dazu montierte man die modernsten und besten Beschläge und erwarb eine erstklassige Decksausrüstung; alle Metallteile wurden aus einer hoch korrosionsbeständigen Chrom-Nickel-Eisenlegierung gefertigt. Kühlschrank, Gefrierschrank und Eismaschine waren Spezialanfertigungen der Fa. Frigidaire. Dazu gab es an Bord fließend warmes und kaltes Wasser.

Auf Wunsch Templeton Crockers, der in seiner Kabine von keinerlei Maschinengeräuschen behelligt werden wollte, installierte man die beiden 120-PS-Diesel des Herstellers Hill, die mit 800 Umdrehungen pro Minute liefen, unterhalb der Messe und vor dem Salon, weshalb auch die 15 Meter lange Welle eine Spezialanfertigung sein musste. Die Stromversorgung der Bordelektrik erfolgte durch vier 5-Kilowatt-Generatoren. Potenzielle Feuer an Deck sollten mithilfe von Druckpumpen gelöscht werden, in Kabinen, der Messe, im Salon und in den Technikräumen wäre im Brandfall Kohlendioxid zur Anwendung gekommen. Die Sitzmöbel in Salon und Messe waren mit marokkanischem Leder bezogen, und die Navigation beinhaltete einen Kurzwellensender mit einer Reichweite von 11 400 Seemeilen, dessen Antenne im Masttopp montiert war.

An Deck wurden das Ankerspill sowie die Fall- und die Schotwinschen mit eigenständigen Motoren angetrieben, doch selbst unter diesen Umständen waren zum Setzen der Segel drei Mann erforderlich. Die drei Satz Segel - einer für Touren, ein weiterer für leichte Brise, der dritte für Starkwind - besaßen zusammen über 1600 Quadratmeter Fläche, und jedes Segel war aus ägyptischer Baumwolle gefertigt. Es gab natürlich mehrere Tender, darunter eine Chris-Craft, die eine Spitzengeschwindigkeit von 30 Knoten erreichte, sowie ein motorisiertes 6-m-Walfangboot, ein traditionelles neufundländisches Beiboot, ein Skiff und ein Kanu. Für den Bau der *Zaca* versammelte der auf den Azoren geborene Manuel Nunes sämtliche Bootsbauspezialisten Kaliforniens. Die Baukosten beliefen sich auf 350 000 Dollar - für das damalige Krisenjahr eine beachtliche Summe!

Die Jungfernfahrt - eine Weltumseglung

Am 12. April 1930 erfolgte die Taufe der *Zaca* durch die Schauspielerin Marie Dressler und wenig später die Auszeichnung als »Beste Yacht« an der Pazifikküste durch

Die Idee zur Restaurierung der *Bluenose* entstand, als auf der Werft eine Replik der *HMS Bounty* für den Film »Meuterei auf der Bounty« gebaut wurde (linke Seite).

In seiner ersten Filmrolle spielte Errol Flynn einen Vorfahren seiner Tante Ethel Christian, nämlich Fletcher Christian, der die berühmtberüchtigte Meuterei angeführt hatte (rechts).

das »Pacific Sportsman Magazine«. Am 7. Juni passierte der Schoner die Golden Gate Bridge und nahm Kurs auf die Marquesas-Inseln, der erste Zwischstopp während der Weltumseglung. Neben dem Eigner befanden sich sein Kammerdiener, ein Arzt, ein Freund sowie der Konstrukteur der Yacht an Bord. Die Bibliothek umfasste 300 Titel, dazu gab es eine Auswahl von 150 Schallplatten.

Da unterwegs die Motoren gestartet wurden, sobald die Reisegeschwindigkeit unter Segeln auf unter fünf Knoten fiel, legte die *Zaca* die ersten rund 3000 Seemeilen in weniger als 20 Tagen zurück. Von Nuku-Hiva ging es weiter durch Französisch-Polynesien, zu den Cook- und den Fidschi-Inseln, dem Vanuatu-Archipel und nach Papua-Neuguinea. Als ehemaliger Yale-Student interessierte sich Templeton für die Lebensart der dortigen Ureinwohner und begann mit Begeisterung Objekte zusammenzutragen, die er später in San Francisco im Museum ausstellen sollte. Nach der Passage der Torresstraße folgten Zwischenstopps auf Timor, Flores, Bali und Java und schließlich in Singapur. Neujahr 1931 feierte Templeton mit seinen Leuten in der Straße von Malakka, danach wurde Kurs auf Ceylon genommen. Nach kurzen Aufenthalten in Aden und Port Sudan passierte der Schoner den Suezkanal. Südlich von Kreta wurde das Schiff von einem heftigen Meltemi überrascht und rauschte unter Vollzeug mit 13 Knoten durch die See, als das Motorbeiboot mitsamt dem Bock, auf dem es stand, über Bord ging. Erst dann wurde gerefft, und man kam mit einem blauen Auge davon.

Auf Malta, wo seinerzeit die Flotte der britischen Marine stationiert war, ließ Templeton die *Zaca* an Land stellen und den schwarzen Anstrich des Rumpfes überholen. Unterdessen verbrachten er und seine Leute einen Abend auf der *Queen Elizabeth*, einen anderen an Bord des Flugzeugträgers *Glorious*. Bei der Ankunft in Cannes am 7. März 1931 traf die *Zaca* auf den Schoner *Ailée* von Eignerin Virginie Hériot und erhielt vom Yacht Club Cannes eine Erinnerungsplakette. Beim Auslaufen setzte man auf der *Zaca* im Masttopp einen Wimpel, der gut 30 Meter auswehte, und nahm Kurs auf Gibraltar. Die folgende Strecke über den Atlantik hatte Templeton besonders gefürchtet, weil er heftig unter Seekrankheit litt, und tatsächlich hatte er seit dem Start in Kalifornien nicht wenig Zeit in seiner Koje verbracht. Für die rund 3000 Seemeilen von Teneriffa bis Puerto Rico brauchte die *Zaca* 17 Tage, von denen sie 14 unter Maschine fuhr. Am Morgen des 27. Mai 1931 lief die *Zaca* schließlich wieder im Hafen von San Francisco ein. Sie hatte die 27 490 Seemeilen mit einer durchschnittlichen Geschwindigkeit von 6,5 Knoten zurückgelegt. Von den 351 Tagen der Reise hatte die Mannschaft die eine Hälfte an Land verbracht, und drei Viertel der Zeit auf See war die Maschine mitgelaufen.

Von der Zoologie zur Navy

Während seiner Reise begann sich Templeton Crocker für die Tierwelt der Meere zu interessieren. Nach der Rückkehr ließ er die *Zaca* zu einem Forschungsschiff mit Labor und Aquarium umbauen und mit einer einholbaren, zehn Meter langen Gangway und einem Auslegerkorb unter dem Klüverbaum ausstatten. Er verpflich-

Die beiden Luftbilder zeigen: Garland Rotch hat eine klassische Schönheit gezeichnet, deren Linien eindeutig auf die Neufundlandschoner verweisen.

Drei Vorsegel ziehen kräftig, die Stagfock mit Baum unterstützt den Mann am Rad.

Das aufgeräumte Deck bietet für Crew und Gäste reichlich Platz. Die Segelfläche von 630 m² ist zwar oft unterteilt, aber die großen Tücher müssen erst einmal gehandelt werden (linke Seite).

tete die besten Wissenschaftler und startete zu verschiedenen Expeditionen, um einige der seltenen Spezies unserer Welt zu erforschen. Unter anderem landete er auf den Galapagosinseln, wo sich Templeton auf einem Berggipfel verewigte, und brachte der Universität von San Francisco nicht weniger als 311 Fischarten, einen Albatros mit einer Spannweite von vier Metern sowie rund 4000 Pflanzen mit.

Bis 1940 segelte die Zaca im Pazifik, und Tempelton bereicherte weiterhin die Bestände der Hochschule seiner Heimatstadt. Und wie die Entdecker des 18. Jahrhunderts hatte auch er einen Maler dabei, den er mit einer Fotoausrüstung und einer Unterwasserkamera ausstattete, wie sie Jaques-Yves Cousteau später verwenden sollte. Eine der Fahrten wurde von dem Biologen, Natur- und Meeresforscher William Beebe begleitet, der seine Erkenntnisse 1938 unter der Schirmherrschaft der in New York ansässigen Zoologischen Gesellschaft veröffentlichte; innerhalb der zwölf Monate, in denen sich die Zaca im Golf von Kalifornien aufhielt, schrieben Beebe und seine Helfer nicht weniger als 16 Berichte.

Der Zweite Weltkrieg setzte der Forschungsarbeit an Bord des Schoners ein Ende, denn die Navy benötigte Patrouillen- und Rettungsschiffe. Templeton Crocker überließ ihr die Yacht am 12. Juni 1942 für lumpige 40 000 Dollar. Acht Tage später begann ihr Dienst als grau angemaltes Kriegsschiff »IX-73« an der »Western Sea Frontier«, wo die ex-Zaca als *plane guard ship* eingesetzt war. So patrouillierte der Schoner mit 35 bewaffneten Seeleuten an Bord in der Bucht von San Francisco. Am 6. Oktober 1944 stellte die amerikanische Kriegsmarine die Zaca außer Dienst und legte sie vor Treasure Island auf Reede; im Mai 1945 wechselte das Schiff für 30 000 Dollar erneut seinen Besitzer.

Die Zaca und der Star

Für die Zaca sollte ein ganz neues Leben beginnen, nachdem der Filmschauspieler Errol Flynn (1909-1959) in einer Yachtzeitschrift ihre Verkaufsanzeige entdeckt hatte. Der Hollywoodstar, ein vom Segeln besessener Abenteurer, Goldsucher und Tabakpflanzer, der auf Tasmanien geboren war, hatte seine Karriere mit der Rolle des Fletcher Christian, dem Anführer der Meuterei auf der *Bounty*, im australischen Dokumentarfilm »In the wake of the Bounty« begonnen. Innerhalb von zwölf Jahren spielte Flynn in mehr als 30 Filmen mit, in denen er mehr oder weniger den heroischen und romantischen Abenteurer gab und als Captain Blood, Robin Hood, Herr der sieben Meere, General Custer oder Don Juan auftrat.

Als Zwanzigjähriger hatte Errol Flynn einen australischen Kutter, später eine Ketsch besessen, 1946 erwarb er die Zaca und investierte 80 000 Dollar in ihre Restaurierung. Zaca sollte nach seinem Verständnis symbolisieren, was er, Flynn, darstellte. Er ließ den Rumpf überholen, neue Masten bauen und die Yacht mit einem Vorführraum für Filme, bequemen Sofas und einem riesigen Deckenspiegel in der Eignerkabine ausstatten. Die erste Fahrt des renovierten Schoners führte an der Küste Mexikos entlang. An Bord befand sich unter anderem Errols Vater Theodore, ein prominenter Meeresbiologe, der die meeresforschende Bestimmung der Zaca aufleben ließ und unterwegs zwei neue Fischarten entdeckte: Die eine, *Gibbonsia Norea*, wurde nach Errols zweiter Ehefrau Nora Eddington benannt.

Ab 1946 war das Schicksal des Schoners eng mit dem Film und dem extravaganten Leben ihres Eigners verbunden: Man munkelte von Gold- und Waffenschmuggel in

Errol Flynn träumte offenbar von einem jener Schoner, die zwischen den Inseln der Südsee segelten – und machte seinen Traum dann wahr. Fockmast und Großmast, drei Vorsegel, Schoner- und Großsegel – eben ein klassischer Schoner (folgende Doppelseite).

Edel und original: Beschläge und Ausrüstung an Deck lassen die Handschrift von Eigner und Konstrukteur sowie solides Handwerk erkennen.

Südamerika und dass Eva Peron die Politik sausen ließ, weil sie dem Charme des Yachtbesitzers erlegen war ... Sicher ist jedenfalls, dass Orson Welles 1947 an Bord »Die Lady von Shanghai« mit seiner damaligen Ehefrau Rita Hayworth gedreht hat. Flynn hatte damals alle Hände mit der Schiffsführung zu tun und taucht in diesem Werk nur einmal, im Hintergrund, auf. Später wurde der Schoner auch für die Dreharbeiten vom »Schatz von Yutacan« und den Kurzfilm »Die Kreuzfahrt der Zaca« engagiert.

Während der Flitterwochen von Flynn mit Ehefrau Nr. 3, Patrice Wymore, sollte die Zaca die Boulevardblätter füllen, denn der Eigner war beschuldigt worden, in der Dusche der Eignerkabine des Schoners eine Minderjährige vergewaltigt zu haben, sodass sich das Gericht an Bord begab, um die Beengtheit des Tatortes zu begutachten. Schließlich musste der Star - wieder einmal - verhaftet werden.

1951 ging es zu Aufnahmen für den Film »Die Taverne von New Orleans« nach Monaco. In Villefranche-sur-Mer machte Flynn einen Zwischenstopp für einige kleinere Renovierungen auf der Voisin-Werft, doch wurden diese laut Aussage des Werftbesitzers niemals bezahlt: »Flynn bot uns stattdessen Rum an. Während der Schlussszene des Films war er später so betrunken, dass ich ihn doubeln und Micheline Presle inmitten von Flammen in meinen Armen halten musste.«

Schiffbruch und Renaissance

Im Jahre 1952 entschloss sich Flynn, an Bord seines Schoners im Hafen von Palma de Mallorca zu wohnen, wo er ein aufwendiges und bewegtes Leben in Casinos und Luxushotels führte. Bereits vom Alkohol, den Drogen und seiner Krankheit gezeichnet, drehte er in jener Zeit für ihn wichtige Filme mit Henry King und John Huston. 1959 verschlechterte sich Flynns finanzielle Lage dramatisch, sodass er sich im

Oktober nach Vancouver begab, um die Zaca zu veräußern, wo ihm ein kanadischer Millionär 150 000 Dollar geboten hatte. Doch noch vor Unterzeichnung des Kaufvertrages erlitt Flynn einen tödlichen Herzanfall.

Die Zaca sollte bis 1965 verlassen im Hafen von Palma dümpeln, dann wurde sie für 40 000 Dollar an einen Engländer verkauft, der den Schoner an die Côte d'Azur verholte und schließlich wegen des schlechten Zustandes nach Villefranche schleppen ließ, wo der Kaufvertrag annulliert wurde und die Zaca in das Eigentum von Werftbesitzer Bernard Voisin überging. Von diesem erwarb die Witwe Flynns, Patrice Wymore, die Zaca für eine symbolische Summe von 5000 Dollar. Doch fühlte sie sich von dem alten Schoner derart bedrückt, dass sie 1979 in der Kathedrale von Monaco eine Teufelsaustreibung zelebrieren ließ. Außerdem verfügte Wymore nicht über ausreichende Mittel für den Unterhalt geschweige denn eine Restaurierung des Schiffes. Und während die Voisin-Werft im Dezember 1988 an Philippe Cousins veräußert wurde, rottete die Zaca im Yachthafen von Beaulieu weiter vor sich hin. 1990 verliebte sich der Geschäftsmann Roberto Memmo in die inzwischen halb untergegangene Yacht und bemühte sich um ihren Erwerb. Das gestiegene Interesse an der Restauration klassischer Yachten führte zu hohen Preisen für verrottete Oldtimer geführt, doch schließlich bekam er das Wrack für schlappe 100 000 Euro. So wurde die alte Zaca wieder flottgemacht und zur IMS-Werft in Saint-Mandrier-sur-Mer in der Bucht von Toulon verholt. Hier kümmerten sich rund 50 Bootsbauer und andere Experten zwei Jahre lang um die Restaurierung von Rumpf, Deck und Rigg des Schoners, und ein Konstrukteur führte die Inneneinrichtung des Schiffes auf den Stand von 1946 zurück. Am 22. September 1994 konnte dann der zweite Stapellauf der Zaca gefeiert werden. Seitdem ist die Yacht in Monaco beheimatet, und der 1999 engagierte Skipper Bruno Diaz Piaz wacht darüber, dass die »Perle der amerikanischen Yachten« keinen Schaden nimmt.

Trotz der Lazy Jacks: Das große Schonersegel wird von zwei Mann sorgfältig aufgetucht (rechte Seite).

Der Schoner mit dem erstaunlichen Schicksal, dessen Name *Zaca* in der Sprache der kalifornischen Ureinwohner »der Chef« oder »der Frieden« bedeutet, zählt zu den letzten erhaltenen, im frühen 20. Jahrhundert gebauten Großyachten von der Pazifikküste (linke Seite).

Die Inneneinrichtung ist im Stil der 1930er-Jahre gehalten. Im Salon hängt ein Picasso, der Eigner schläft in einem Himmelbett. Das Dekor wurde bunt zusammengewürfelt, und alles ist dazu angetan, den Mythos des Schauspielers mit drei Ehefrauen und zwölftausend Bräuten zu bewahren.

Technische Daten

Name: Zaca	*Lüa:* 44,80 m
Konstrukteur: Garland Rotch	*LüD:* 35,96 m
Werft: Nunes Brothers, Sausalito	*LWL:* 29,26 m
Rigg: Gaffelschoner	*Breite:* 7,23 m
Vermessung: keine, Fahrtenschiff	*Tiefgang:* 4,20 m
Stapellauf: 12. April 1930	*Verdrängung:* 220 t
Erster Eigner: Charles Templeton Crocker	*Segelfläche am Wind:* 630 m²
Restaurierung: 1994	
Werft der Restaurierung: Chantier IMS, Saint-Mandrier-sur-Mer	
Bauweise: Komposit, Teak auf Eiche	

Decksplan

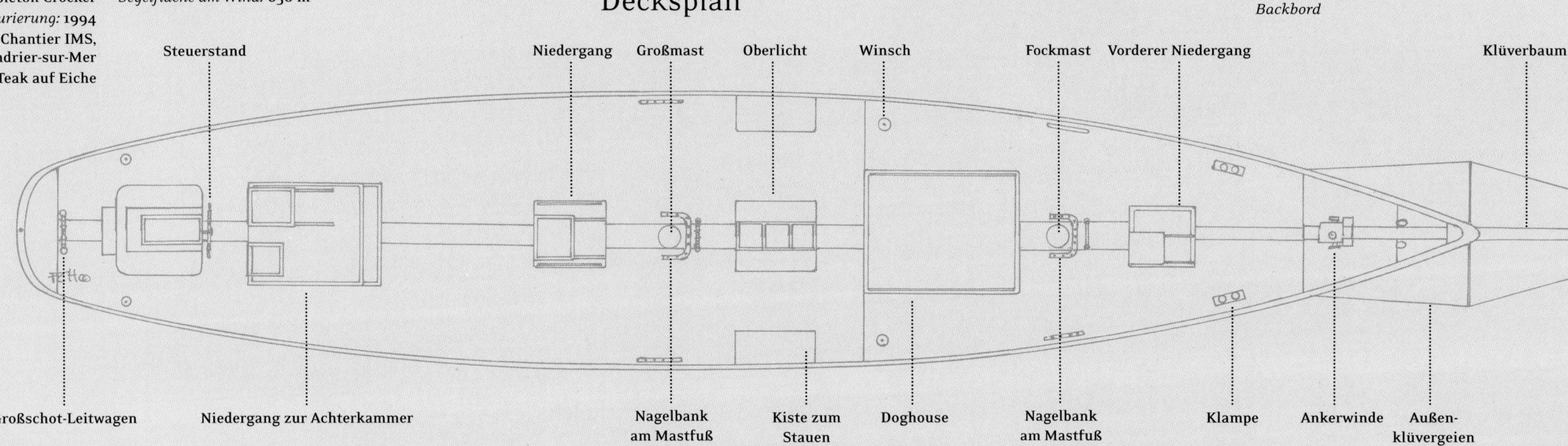

Backbord

Steuerstand · Niedergang · Großmast · Oberlicht · Winsch · Fockmast · Vorderer Niedergang · Klüverbaum

Großschot-Leitwagen · Niedergang zur Achterkammer · Nagelbank am Mastfuß · Kiste zum Stauen · Doghouse · Nagelbank am Mastfuß · Klampe · Ankerwinde · Außen-klüvergeien

Steuerbord

Einrichtungsplan

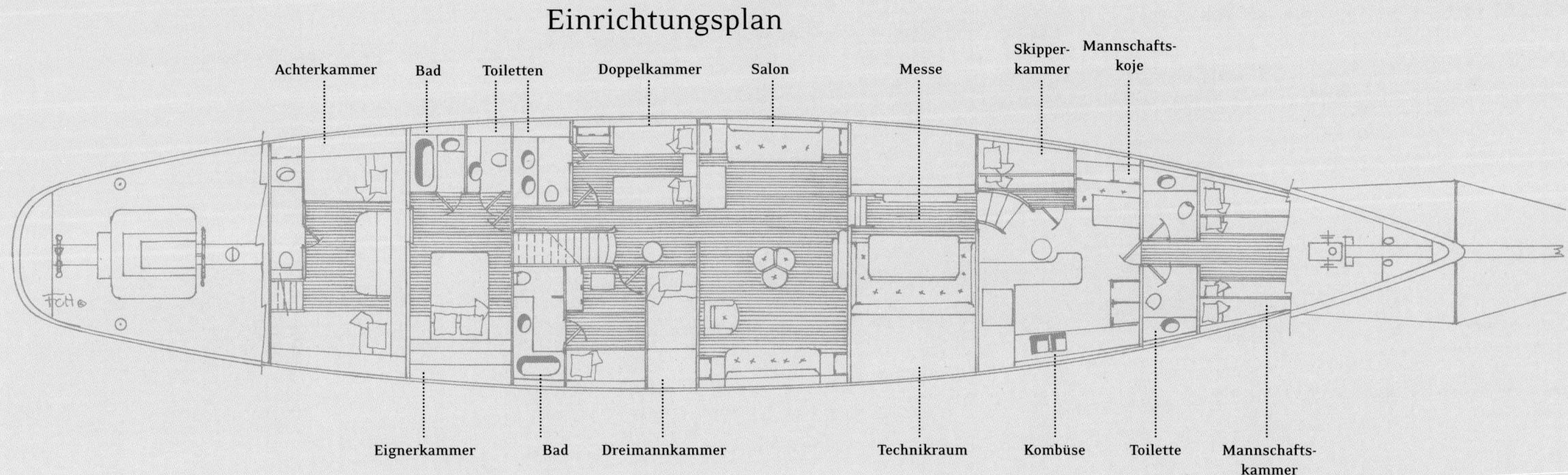

Achterkammer · Bad · Toiletten · Doppelkammer · Salon · Messe · Skipper-kammer · Mannschafts-koje

Eignerkammer · Bad · Dreimannkammer · Technikraum · Kombüse · Toilette · Mannschafts-kammer

Linienriss

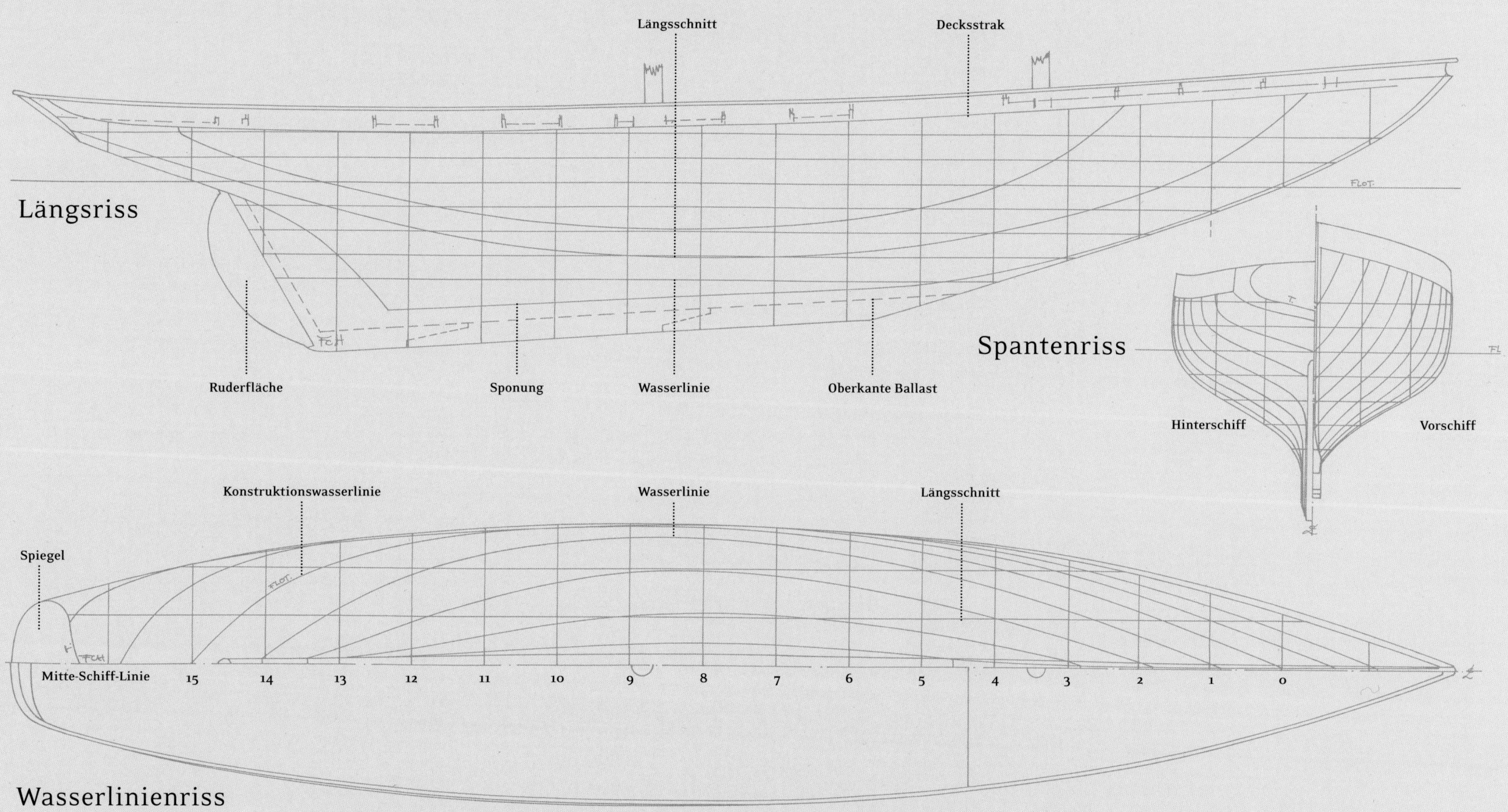

Längsschnitt

Decksstrak

Längsriss

Ruderfläche

Sponung

Wasserlinie

Oberkante Ballast

Spantenriss

Hinterschiff

Vorschiff

Konstruktionswasserlinie

Wasserlinie

Längsschnitt

Spiegel

Mitte-Schiff-Linie 15 14 13 12 11 10 9 8 7 6 5 4 3 2 1 0

Wasserlinienriss

Auswahl-bibliografie

• *American and British Yacht Designs, 1870–1887*,
Chevalier, François, Taglang, Jacques, 1. Aufl., Autoren-edition, Paris. Vol I, 1991. Vol II, 1992.

• *The American Fishing Schooners, 1825–1935*,
Chapelle, Howard I., W. W. Norton & Co., New York, 1973.

• *The America's Cup Races*,
Stone, Herbert L., The Macmillan Company, New York, 1930.

• *America's Cup Yacht Designs, 1851–1986*,
Chevalier, François, Taglang, Jacques, 1. Aufl., Autoren-edition, Paris, 1987.

• *A Band of Brothers,Vela d'Epoca a Imperia*,
Serafini, Flavio, Gribaudo Editore, Cavallermaggiore, 1994.

• *The Big Class Racing Yachts*,
Leather, John, Stamford Maritime, London, 1982.

• *The Boatbuilders of Bristol*,
Carter III, Samuel, Doubleday & Company, New York, 1970.

• *The Britannia and Her Contemporaries*,
Heckstall-Smith, B., Methuen & Co., London, 1929.

• *Capt. Nat Herreshoff, The Wizard of Bristol*,
Herreshoff, L. Francis, Sheridan House, White Plains, 1953.

• *C'était au temps des yachtsmen. Histoire mondiale du yachting, Des origines à 1939*,
Grout, Jack, Voiles Gallimard, Paris, 1978.

• *Charles E. Nicholson und seine Yachten*,
Pace, Franco, Collier, William, Delius Klasing Verlag, Bielefeld 2000

• *The Chronicles of The Royal Thames Yacht Club*,
Ward, Captain A. R., Fernhurst Books, Arundel, 1999.

• *Clinton Crane's Yachting Memories*,
Crane, Clinton, D. Van Nostrand Company, New York, 1952.

• *The Cruise of the Zaca*,
Crocker, Templeton, Harper & Brothers, New York, 1933.

• *The Common Sense of Yacht Design*,
Herreshoff, L. Francis, Caravan-Maritime Books, New York, 1974.

• *The Eastern Yacht Club. A History from 1870 to 1985*,
Garland, Joseph E., The Eastern Yacht Club, Boston, 1989.

• *The Encyclopedia of Yacht Designers*,
Knight, Lucia del Sol, MacNaughton, Daniel Bruce, W. W. Norton & Company, New York, 2006.

• *Enterprise, The Story of the Defense of the America's Cup in 1930*,
Vanderbilt, Harold S., Charles Scribner's Sons, New York, 1931.

• *Fast and Bonnie, A History of William Fife and Son Yachtbuilders*,
Fife McCallum, May, John Donald Publishers, Edinburgh, 1988.

• *Fastnet : The Story of a Great Ocean Race*,
Dear, Ian, B.T., Batsford Ltd, London, 1981.

• *Faszination klassischer Yachten*,
Borlenghi, Carlo, Marzari, Mario, Delius Klasing Verlag, Bielefeld 2000

• *Die Geschichte des Yachtsports*,
Charles, Daniel, Delius Klasing Verlag, Bielefeld 2002

• *Goélette Ailée*,
Hériot, Virginie, Les Gémeaux, Paris, 1927.

• *The Great American Yacht Designers*,
Robinson, Bill, Alfred A. Knopf, New York, 1974.

• *Great Yachts and their Designers*,
Eastland, Jonathan, 1. Aufl., Rizzoli International Publications, Inc., New York, 1987.

• *Great Years in Yachting*,
Nicholson, John, Nautical Publishing Company, Lymington, 1970.

• *Herreshoff. Der Zauberer aus Bristol und seine Yachten*,
Pace, Franco, Pohl, Friedrich W., Delius Klasing Verlag, Bielefeld 2006

• *Herreshoff of Bristol, A Photographic History of America's Greatest Yacht and Boat Builders*,
Bray, Maynard, Pinheiro, Carlton, WoodenBoat Publications, Brooklin, Maine, 1989.

• *The History of the New York Yacht Club. From its Founding Through 1973*,
Parkinson, John, Jr., The N.Y.Y.C., New York, 1975.

• *Hunt's Universal Yacht List for 1869 (and next)*,
Hunt & Co, London, 1869.

• *Iduna. The Restoration of a Classic Dutch Yacht*,
Rogers, Andrew, Van Klaveren Maritime, Naarden, 2004.

• *J Class*,
Chevalier, François, Taglang, Jacques, Yachting Heritage, London, 2002.

• *J Class, Endeavour, 1934*,
Chevalier, François, Taglang, Jacques, Éditions Van de Velde, Fondettes, 2001.

• *Die J-Klasse. Königinnen der Meere*,
Pace, Franco, Delius Klasing Verlag, Bielefeld 1996

• *The King's Britannia, The Story of a Great Ship*,
Irving, John, Seeley Service & Co., London, 1937.

• *The King's Sailing Master*,
Dixon, Douglas, George G. Harrap & Co., London, 1948.

• *Klassische Yachten,*
Pace, Franco, Delius Klasing Verlag, Bielefeld 2001

• *Klassische Yachten im Mittelmeer,*
Pace, Franco, Domizlaff, Svante, Delius Klasing Verlag,
Bielefeld 2004

• *Kungl-Svenska Segel Sällskapet - 1830-1930,*
Haglind, Henning, Pallin Erik, Ahlén & Akerlunds
Förlag, Stockhom, 1930.

• *Leaves from the Lipton Logs,*
Lipton, Sir Thomas J., Hutchinson & Co., London, 1932.

• *Let the Best Boat Win, The Story of American's
Greatest Yacht Designer,*
Burnet, Constance Buel, Solar, Houghton Mifflin
Company, Boston, 1957.

• *The Life and Times of the Late Sir Thomas J. Lipton,
From the Cradle to the Grave, International Sportman
and Dean of the Yachting World,*
Hickey, Captain John J., Officer "787", The Hickey
Publishing Company, New York, 1932.

• *Lipton's Autobiography,*
Lipton, Sir Thomas J., Duffield and Green, New York,
1932.

• *The Lipton Story, A Centennial Biography,*
Waugh, Alec, Cassell and Company, London, 1951.

• *Max Oertz,*
Kramer, Klaus, Klaus Kramer Verlag, Schramberg, 2001.

• *Men Against the Rule, A Century of Progress in
Yacht Design,*
Poor, Charles Lane, The Derrydale Press, New York,
1937.

• *Meteor. Die kaiserlichen Segelyachten,*
Lammerting, Kristin, DuMont, Köln, 1999.

• *La Passion bleue, A Tribute to Owners,*
Duck, Noëlle, Yacht Club de Monaco, Monaco, 2002.

• *Nautical Style. Yacht-Interieur und -Design,*
Glenn, David, McBride, Simon, Delius Klasing Verlag,
Bielefeld 2001

• *Pen Duick,*
Tabarly, Éric, Éditions Ouest-France, Paris, 1989.

• *Les Plus Beaux Voiliers du monde, avec Voiles et
Voiliers,*
Allisy, Daniel, Michel Lafon, Paris, 2004.

• *The Racing Schooner Westward,*
Hamilton-Adams, C. P., Stanford Maritime Ltd., London,
1976.

• *Sacred Cowes, Or the Cream of Yachting Society,*
Heckstall-Smith, Antony, Allan Wingate, London, 1955.

• *Sail and Power,*
Fox, Uffa, 1. Aufl., Peter Davies Ltd., London, 1936.

• *Sailing Craft. Mosttly Descriptive of Smaller
Pleasure Sail Boats of the Day,*
Shoettle, Edwin J., The MacMillan Company, New York,
1928.

• *Sailing Through Life,*
Scott Hughes, John, Methuen, London, 1947.

• *Die schönsten klassischen Yachten,*
Bobrow, Jill, Jinkins, Dana, Delius Klasing Verlag,
Bielefeld 1999

• *Die schönsten Segelyachten der Welt,*
Quéméré, Erwan, Daehn, François-Jean, Delius Klasing
Verlag, Bielefeld 1997

• *Temple of the Wind, The Story of America's Greatest
Naval Architect and His Masterpiece, Reliance,*
Pastore, Christopher, The Lyons Press, Guilford,
Connecticut, 2005.

• *Tom Diaper's Log, Memoirs of a Racing Skipper,*
Diaper, Captain Tom, Robert Ross & Co., London, 1950.

• *Traum Yachten. Die Klassiker,*
Martin-Raget, Gilles, Heyne Verlag, München 2000

• *Tuiga, 1909,*
Charles, Daniel, Nicholson, Ian, Collier, William,
Leather, John, Walker, Dunkan, Yachting Haritage,
London, 2005.

• *Uffa Fox's Second Book,*
Fox, Uffa, 1. Aufl., Peter Davies Ltd., London, 1935.

• *William Fife. Die Kunst des Yachtbaus,*
Pace, Franco, Delius Klasing Verlag, Bielefeld 1998

• *« Who Won ? », The Official American Yacht Record
and Pocket Register for 1890 (and next),*
Summers, Captain James C., James C. Summers, New
York, 1890.

• *Winning The King's Cup. An Account of the Elena's
Race to Spain 1928,*
Bell, Helen G., G.P. Putman's Sons, 1928.

• *Die Yacht. Ihre Herkunft und ihre Entwicklung,*
Sciarelli, Carlo, Verlag Delius, Klasing & Co,
Bielefeld/Berlin 1973

• *Yachting and Yachtsmen,*
Bowman, W. Dodgson, Geoffrey Bles, London, 1926.

• *Le Yachting, Une histoire d'hommes et de techniques,*
Charles, Daniel, E.M.O.M., Paris, 1980.

• *Yacht Rating, 170 Years of Speed, Success and
Failure Against Comptitors, and the Clock,*
Johnson, Peter, Bucksea Guides, Lymington, 1997.

• *The Yacht Racing Calendar and Rewiew for 1890
(and next),*
Kemp, Dixon, Horace Cox, « The Field » Office, London,
1890.

• *Yacht Racing on the Clyde from 1883 to 1890 (and
next),*
Finlayson, W. J., MacLure, MacDonald & Co, Glasgow &
London, 1890.

• *Yachts Classiques, Classic Yachts,*
Duck, Noëlle, Éditions Gallimard, Paris, 2004.

• *Zaca Venture,*
Beebe, William, Harcourt, Brace and Co., New York, 1938.

Glossar

15-m-R-Yacht. Kuttergeriggte Yacht der 1906 in Europa eingeführten International Rule (Internationales Reglement für die Vermessung von Yachten), die in der Größe in etwa den 52-Füßern der Linearformel von 1896 entsprach. Zwischen 1907 und 1917 wurden 20 Exemplare dieser Klasse gebaut, zwei von ihnen in Spanien, eines in Deutschland, eines in Frankreich, zwei in Norwegen und 14 in England. Sie hießen *Ma'oona* (A. Mylne, 1907), *Shimna* (W. Fife, 1907), *Mariska* (W. Fife, 1908), *Anémone* (C. M. Chevreux, 1909), *Ostara* (A. Mylne, 1909), *Tuiga* (W. Fife, 1909), *Vanity* (W. Fife, 1909), *Hispania* (W. Fife, 1909), *Encarnita* (J. Guédon, 1909), *Paula* (A. Mylne, 1910), *Sophie-Elizabeth* (W. Fife, 1910), *Tritonia* (A. Mylne, 1910), *Senta* (M. Oertz, 1911), *Istria* (Camper & Nicholsons, 1912), *Lady Anne* (W. Fife, 1913), *Isabel-Alexandra* (J. Anker, 1913), *Maudrey* (W. Fife, 1913), *Pamela* (Camper & Nicholsons, 1913), *Paula II* (Camper & Nicholsons, 1913) *Neptune* (J. Anker, 1917).

19-m-R-Yacht. Klasse der International Rule. Kuttergeriggter Yachttyp, von dem 1911 vier Exemplare in Großbritannien und 1913 zwei weitere in Deutschland gebaut wurden: *Corona* (W. Fife, 1911), *Mariquita* (W. Fife, 1911), *Octavia* (A. Mylne, 1911), *Norada* (Camper & Nicholsons, 1911), *Cecilie* (M. Oertz, 1913), *Ellinor* (G. Borg, 1913).

23-m-R-Yacht. Klasse der International Rule. Große kuttergeriggte Yacht, die in der Größe einem Exemplar der J-Class (der Universal Rule) entspricht. Zwischen 1907 und 1929 wurden in England sechs dieser Yachten gebaut: *Brynhild* (C & N, 1907, gesunken 1910), *White Heather II* (W. Fife, 1907, 1930 als J vermessen), *Astra* (C & N, 1928, 1931 als J vermessen), *Candida* (C & N, 1929, 1931 als J vermessen) *Shamrock* (W. Fife, 1908, 1933 zerstört), *Cambria* (W. Fife, 1928, 2003 als J vermessen).

Achterliek. Hinterkante eines Segels.

Achterstag. Am Mast angeschlagenes Stag, das ihn parallel zur Längsachse des Fahrzeuges nach hinten (achtern) hält; zählt zum stehenden Gut.

America's Cup. Älteste internationale, seit 1851 und bis heute veranstaltete Segelregatta.

Ankerspill. Winde mit vertikaler Welle zum Aufholen des Ankers.

Anluven. Ändern eines Kurses zum Wind hin (nach Luv), auch: höher an den Wind gehen.

Anschlagen. Befestigen; eine temporäre Verbindung zwischen Segel und Spiere herstellen.

Auflaufen. Den Grund berühren.

Außenhaut. Rumpfverkleidung, beim Holzschiff Beplankung.

Backstag. Losnehmbares Stag, welches einen Mast nach schräg achtern hält.

Backstagstrecker. Von John S. Highfield auf der *Dorina* ex-*Tuiga* eingeführte, patentierte Hebelvorrichtung, um das Backstag zu spannen, wobei der Hebel die Talje ersetzt.

Ballonfock. Extrem bauchiges Stagsegel für Kurse vor dem Wind.

Baum. Am Mast einseitig befestigte, bewegliche Spiere, an welcher das Unterliek eines Segels befestigt ist.

Berechnete Verdrängung. Summe der Einzelgewichte aller Teile.

Bermudarigg. Von den Bermuda-Inseln stammende (Hoch-)Takelung mit einem langen, durchgehenden Mast und einem dreieckigen Großsegel.

Besanmast. Der hintere Mast einer Ketsch oder einer Yawl.

Beschläge. An Deck montierte Ausrüstung, die zum Manövrieren und Navigieren sowie der Sicherheit dienen, wie etwa Winschen, Klampen, Blöcke, Taljen, Augen, Schienen, Relingstützen usw.

Bodenwrange. Querverbindung im Bodenbereich zwischen Bordwand, Spanten und Kiel.

Bootsmannsstuhl. Sitzbrett, mit dessen Hilfe ein Mensch in den Mast aufgeheißt wird.

Cockpit. Auch Plicht. Nicht eingedeckte Vertiefung im Deck für den geschützten Aufenthalt der Crew beim Manövrieren.

Deck. Horizontale Fläche, welche den Rumpf bedeckt.

Decksbalken. Querelemente der Rumpfstruktur, welche das Deck tragen.

Deckshaus. Aufbau auf dem Deck, auch Doghouse (»Hundehütte«).

Decksstrak. Deckslinienverlauf eines Bootes von der Seite betrachtet.

Deckstringer. Leiste entlang des Rumpfes, an der Außenhaut und Deck zusammenstoßen.

Dichtholen. Anholen einer Leine oder Kette, beim Segeltrimmen einer Schot.

Doghouse. Vor Wind und Wetter schützender Decksaufbau zum Manövrieren und Navigieren.

Eselshaupt. Brillenförmiger Beschlag zur Verbindung am Topp eines Pfahlmastes mit einer Stange.

Fall. Tauwerk zum Setzen eines Segels, zum laufenden Gut gehörig.

Festmacher. Leine zum Festbinden eines Schiffes im Hafen.

Fieren. Das Nachgeben eines belasteten Endes von Tauwerk oder Draht, etwa einer Schot beim Führen eines Segels.

Fock. Dreieckiges Vorsegel am Stag bei Schrattakelung. Bei Rahtakelung: unteres (viereckiges) Rahsegel am Fockmast.

Fock- bzw. Spinnakerbaum. Spiere, die bei achterlichen Winden am Mast angeschlagen wird, um das Schothorn des Vorsegels möglichst weit nach außen zu drücken.

Freibord. Rumpfhöhe zwischen Wasserlinie und Deck.

Fuß. Längenmaß, entspricht 30,48 cm; findet vornehmlich in englischsprachigen Ländern Verwendung.

Gaffelrigg. Takelung mit einem oder mehreren Gaffelsegeln.

Gaffelsegel. Viereckiges Segel, dessen Vorderkante (Vorliek) am Mast und dessen obere Kante an einer Spiere (Gaffel) angeschlagen sind.

Gangspill. Winde oder Winsch mit vertikaler Welle zum Holen von Tauwerk, Kette oder Draht.

Genua. Großes, dreieckiges Stagsegel.

Godinet-Formel. Französische Vermessungformel des Schiffbauingenieurs Auguste Godinet von 1892, die neben der Wasserlinienlänge und der Segelfläche auch den Rumpfumfang an seiner breitesten Stelle berücksichtigt.

Halbmodell. Steuerbord-Hälfte eines Rumpfmodells, das ursprünglich zu Konstruktionszwecken angefertigt wurde.

Halse. Wechseln des Bugs bei achterlichem Wind, wobei der Baum auf die andere Seite kommt.

International Rule. 1906 beschlossenes Internationales Reglement für die Vermessung von Yachten, nach der vom 1. Januar 1908 bis 31. Dezember 1917 und in modifizierter Form bis 1933 in Europa Regatten gesegelt wurden. Der Rennwert drückt sich in Metern (m-R) aus und errechnet sich unter Berücksichtigung von Wasserlinienlänge, Breite, Segelfläche und der Differenz zwischen dem Gurtmaß und der Kettenlänge. Diese Vermessung führte zur Entstehung der internationalen R-Klassen (siehe 15/19/23-m-R-Yachten).

J-Class. Nach der Universal Rule vermessene Yachten für die Wettfahrten des America's Cup von 1930-1937.

Ketsch. Zweimastiger Segler, dessen Besanmast vor dem Ruder steht.

Klipper. Schnelles, meist dreimastiges Frachtschiff mit Klipperbug für den Seehandel. Merkmale: scharfe Schiffsformen wie hohle Wasserlinien im Vor- und Achterschiff, große Aufkimmung, großes Längen-Breiten-Verhältnis.

Klüverbaum. Spiere zur Verlängerung des Vorstevens.

Krängung. Seitliche Neigung eines Schiffes, z. B. durch Winddruck.

Kreuzen. Ein Ziel im Zickzackkurs ansteuern, indem ein Segelboot auf jedem Bug so hoch möglich an den Wind geht.

Kurs. Ausrichtung eines Segelfahrzeuges im Verhältnis zum Wind. Ein hoch am Wind segelndes Schiff versucht, entgegen der Windrichtung zu fahren, auf einem Vorwindkurs kommt der Wind dagegen von achtern.

Kutter. Segelschiff mit einem Mast und zwei oder mehr Vorsegeln.

Lateinersegel. Dreieckiges Schratsegel, das mit dem Vorliek an einer schräg zum Mast stehenden Spiere angeschlagen ist.

Lee. Die dem Wind abgewandte Schiffsseite.

Linienriss. Zeichnerische Darstellung der Form eines Rumpfes, bestehend aus vier Einzelrissen: Im *Längsriss* werden die Schnitte als Kurven, die Spanten und Wasserlinien als Gerade dargestellt. Im *Spantenriss* erscheinen die Spanten als Kurven, die Schnitte, Wasserlinien und Senten als Gerade. Der *Wasserlinienriss* zeigt die Wasserlinien als Kurven, die Schnitte und Spanten als Gerade. Im *Sentenriss* erscheinen die Senten als Kurven und die Spanten als Gerade.

Luv. Die dem Wind zugewandte Schiffsseite.

Luvgierig. Neigung eines Segelschiffes, höher an den Wind zu gehen.

Marconirigg. Takelage mit einem durchgehenden Mast, an dem ein Gaffelsegel und darüber ein Toppsegel angeschlagen sind. Benannt nach den hohen Funkmasten des italienischen Technikers Guglielmo Marconi, der 1909 zusammen mit Karl Ferdinand Braun den Physik-Nobelpreis erhielt.

Mastfuß. Beschlag, in dem der Mast an Deck oder auf der Bodensektion des Rumpfes steht.

Oberliek. Obere Kante eines Segels.

Pinne. Hebel zum Bedienen des Ruders.

Planke. Ein zugepasstes Teil (Holz oder Blech) der Außenhaut oder des Decks.

Pütting oder Rüsteisen. Beschlag am Rumpf, an dem die Wanten befestigt sind.

Rah. Quer zur Fahrtrichtung stehende Spiere, an der ein (viereckiges) Rahsegel angeschlagen wird.

Rating. Rennwert, der sich aus der Vermessung eines Segelschiffes gemäß einer bestimmten Formel ergibt. Es segeln Schiffe mit demselben Rennwert direkt gegeneinan-der; Schiffe mit unterschiedlichen Rennwerten müssen einander vergüten, d. h. sie segeln nach berechneter Zeit.

Raumschots. Auch Backstagsbrise; der Windeinfall ist achterlicher als querab.

Relingsstütze. Senkrecht an Deck verankerte Stütze, die die Relingsdrähte (Handlauf, Durchzug) hält.

Rigg. Takelage. Sämtliche, dem Segeln dienende Ausrüstung an und oberhalb des Decks, also die Masten, die Spieren und Bäume, die Segel, das stehende bzw. das laufende Gut (Tauwerk oder Draht, welches den Mast hält bzw. der Einstellung der Segel dient) usw. Der Schiffstyp (Bezeichnungen wie Ketsch, Kutter, Yawl, Schoner usw.) wird durch das Rigg, also durch die Anzahl bzw. Größe der Masten und den Schnitt der Segel definiert.

Saling. Horizontal und seitlich vom Mast abgehende Konstruktion, die die Wanten querschiffs spreizt.

Salon. Sitzecke für Zusammenkünfte an Bord, z. B. zu Mahlzeiten.

Schanzkleid. Brüstungsartige Fortsetzung der Bordwand oberhalb des Decks, die Schutz vor Gischt und Seeschlag bietet.

Schoner. Zweimaster, bei dem der vordere Mast (Fockmast) niedriger oder genauso groß ist wie der achtere Großmast.

Schwertboot. Segelboot mit einer mobilen (Schwert-)flosse in Verlängerung des Kieles, welche die Abdrift minimiert.

Seitenliek. Backbord- bzw. Steuerbordkante eines Rahsegels.

Slup. Auch Sloop; Segelboot mit einem Großsegel und einem Vorsegel.

Spanner. Spannschraube zur Regulierung der Spannung des stehenden Gutes, etwa ein Wantenspanner.

Spant. Querrippe des Rumpfgerüstes und damit tragendes Bauteil.

Spiere. Rundholz als Teil des Riggs, an dem ein Segel angeschlagen wird: z. B. Mast, Baum, Rah, Ausbäumer, Klüverbaum, Spinnakerbaum usw.

Spinnaker. Ballonförmiges Vorsegel für Kurse bei achterlichem Wind, welches an nur drei Ecken angeschlagen wird.

Stag. Tauwerk oder Draht, das den Mast in Längsschiffsrichtung nach vorne oder achtern hält.

Stagfock. Das dem Mast nächste Vorsegel.

Steuerlastigkeit. Unharmonisches Verhältnis vom Längsschwerpunkt zur Wasserlinie einer Yacht.

Sturmfock. Vorsegel für starke Winde.

Süll. Erhöhte Einfassung des Decks oder einer Luke.

Talje. Flaschenzug.

Tonne. Maßeinheit der Masse, in der Schifffahrt früher auch des Ladevolumens (Registertonne) sowie bei Regatta-schiffen ein durch einen Verein oder eine Organisation bestimmtes Rating.

Toppsegel. Dreieckiges Segel oberhalb des Großsegels eines gaffelgeriggten Schiffs.

Toppsegelspiere. Den Mast verlängernde Spiere, an dem das Toppsegel angeschlagen wird.

Überhang. Rumpfteile an Bug oder Heck, die über die Wasserlinie hinausreichen.

Universal Rule. 1903 von dem amerikanischen Konstrukteur Nathanael G. Herreshoff initiierte Vermessungsformel unter Berücksichtigung u. a. der Verdrängung eines Schiffes. Segelyachten werden nach Buchstaben klassifiziert: Schoner erhalten zur Kennzeichnung die Buchstaben A bis F, Slups die Buchstaben G bis R. Die J-Class erhält ein Rating von 65 bis 75 Fuß.

Unterliek, auch **Fußliek.** Untere Kante eines Segels.

Unterschneiden. Übermäßiges Eintauchen des Bugs in eine Welle, sodass das Deck unter Wasser steht.

Vermessung. Regelwerk und Vorschriften zur Bestimmung einer Klasse oder eines Vergütungswertes mit dem Ziel der Vergleichbarkeit von Segelbooten (im Regattageschehen).

Vorliek. Vorderkante eines Segels.

Wanten. Tauwerk oder Draht, die den Mast seitlich abstützen.

Winsch. Winde mit vertikaler Welle, die das Dichtholen und Fieren von Leinen und Drähten erleichtert.

Wulstkiel. Kielform, bei der der Ballast in einem Wulst am unteren Ende der Kielflosse konzentriert ist.

Yawl. Zweimastiges Segelboot, dessen hinterer Mast außerhalb der Konstruktionswasserlinie und hinter dem Steuer bzw. der Pinne steht.

Danksagung

Die Autoren danken allen Konstrukteuren, Werften, Eignern, Skippern, Vereinen, Museen, Historikern, Journalisten, Fotografen, Autoren und Freunden, ohne die dieses Buch niemals hätte entstehen können, im Besonderen aber:

Gabrielle Abraham, Bernard d'Alessandri, Daniel Allisy, Jacques Anderruthy, Isabelle Andrieux, Françoise Aubert, Nathalie Bailleux, Chris Barkham, Stefan Benfield, Jenny Bennett, Marc P. G. Berthier, Jill Bobrow, Carlo Borlenghi, Pierre-Marie Bourguinat, Jérôme Boyer, Maynard Bray, Elaine Bunting, Nic Campton, François Carn, Amandine Cau, Françoise Chabbert, Daniel Charles, Laurent Charpentier, Brigitte Chevalier-Brest, Dominique Chalot, William Collier, Tom Cunliffe, François-Jean Dahen, Butch Dalrymple-Smith, Ian Dear, Gerard Dijkstra, Noëlle Duck, Stephano Faggioni, Christian Février, May Fife McCallum, Delphine Fleury, Martin Francis, Daniel Funk, Dominique Gabirault, Yves Gagnet, Bugsy Gedlek, Isabelle Geffroy, David Glenn, Renaud Godard, Jim Grant, Guilain Grenier, C. P. Hamilton Adams, Hervé Hillard, Malcom J. Horsley, Michelle Icard, Thom James, Isabelle Jendron, Dana Jinkins, Atlan G. Kastelein, Ed Kastelein, Lewis Kleinhans, Eric Knight, Alex Laird, Luigi Lang, Patrick Langley, Roger Lean-Vercoe, John Leather, Philippe Lechevalier, Thierry Leret, Robin Lloyd, Guiseppe Longo, Chris Madsen, Michel Maeder, Philippe Menhinick, Laurent Miagkoff, Mille et Une Vagues, Ian Murray, John und Françoise Murray, Gérard Naigeon, Federico Nardi, Albert Obrist, Franco Pace, Marc Pageot, Gilbert Pasqui, Thomas J. Perkins, Thom Perry, Nigel Pert, Dough Peterson, Bruno Petitcollot, Bruno dal Piaz, Harriet Anne Pierson, Fabienne Ploquin, Myriam Poisson, Mike Porter, Philippe Quentin, Didier Ravon, Florence Renault, Florence Richin, Éric Robert Peillard, Michel de Rohozinski, Martin A. Romein, Dominique Romet, Andrew Rogers, Gilles Rosfelder, Jean-Marc Salis, Peter Saxby, Flavio Serafini, Antoine Sezerat, Anne-Marie Schuitenmaker, Harry R. Spencer, Paul Spooner, Olin J. Stephens, Jacques Taglang, Jim Thom, Emmanuel de Toma, Bill Trenkle, Sophie Trincon, Maguelonne Turcat, Johan van den Bruele, Francis van de Velde, Christophe Varène, Mireille Vatine, Dafne Vecchi, Éric Vibart, Duncan Walker, Peter Ward, Peter Wood, Tommy Workman, Patrice Wymore Flynn, Beppe Zaoli, Zbynek Zak.

Copyright © 2007, Editions du Chêne-Hachette Livre
Fotos: Gilles Martin-Raget
Text/Zeichnungen: François Chevalier
Die französische Originalausgabe mit dem Titel
»Mythiques Yachts classiques«« erschien 2007
bei Editions du Chêne-Hachette Livre, Paris.

Bibliografische Information der Deutschen Nationalbibliothek
Die Deutsche Nationalbibliothek verzeichnet diese Publikation
in der Deutschen Nationalbibliografie; detaillierte bibliografische
Daten sind im Internet über http://dnb.d-nb.de abrufbar.

1. Auflage
ISBN 978-3-7688-2492-7
Die Rechte für die deutsche Ausgabe liegen beim Verlag
Delius, Klasing & Co. KG, Bielefeld

Aus dem Französischen von Christiane Hauert
Künstlerische Leitung: Nancy Dorking
Layout: Demis Delebecque
Schutzumschlaggestaltung: Gabriele Engel
Printed in China 2008

Delius Klasing Verlag, Siekerwall 21, D - 33602 Bielefeld
Tel.: 05 21/5 59-0, Fax: 05 21/5 59-115
E-Mail: info@delius-klasing.de
www.delius-klasing.de